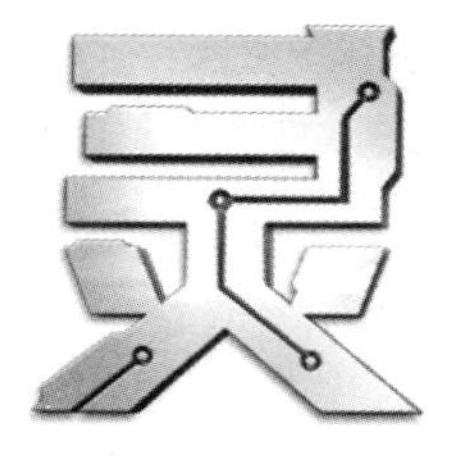

灵境内外

互联网治理简史

欧树军 著

上海交通大學出版社
SHANGHAI JIAO TONG UNIVERSITY PRESS

图书在版编目(CIP)数据

灵境内外：互联网治理简史 / 欧树军著 . -- 上海：上海交通大学出版社，2023.6
ISBN 978-7-313-28651-2

Ⅰ. ①灵… Ⅱ. ①欧… Ⅲ. ①互联网络－技术史－世界 Ⅳ. ①TP393.4-091

中国国家版本馆 CIP 数据核字 (2023) 第 074246 号

灵境内外：互联网治理简史
LINGJING NEIWAI : HULIANWANG ZHILI JIANSHI

著　　者：欧树军
出版发行：上海交通大学出版社　　地　　址：上海市番禺路 951 号
邮政编码：200030　　电　　话：021-64071208
印　　制：上海盛通时代印刷有限公司　　经　　销：全国新华书店
开　　本：880mm×1230mm　1/32　　印　　张：6.625
字　　数：125 千字
版　　次：2023 年 6 月第 1 版　　印　　次：2023 年 6 月第 1 次印刷
书　　号：ISBN 978-7-313-28651-2
定　　价：69.00 元

图书策划：活字文化

序

摆在大家面前的这本书，是我过去二十年对信息环境的发展、治理与安全的个人观察。在 1995 年 4 月 30 日美国互联网正式民用化、商业化、国际化之前，没有多少普通人接触过电脑。我读本科时，只去过几次校内的机房和校外的网吧。我读硕士时才有了第一台电脑，那是 2002 年秋，刚入学不久，我就和很多同学一样，到隔壁中关村海龙大厦攒了一台电脑，除了用它看了《大史记》等当年大热的流行视频，还用它翻译了一本书，写了毕业论文，没想到电脑就这么成了学习、工作、生活的必需品。

2004 年 4 月 14 日，北京大学互联网法律研究中心成立，这是一个旨在从事互联网法律与公共政策基础理论研究的学术机构。中心主任是朱苏力老师，赵晓力老师、张平老师先后担任执行主任，作为唯一的主任助理，我协助三位主任管理日常事务，除了与各互联网研究者、互联网管理部门、互联网公司法律事务或公共关系部门建立交流机制，定期召开学术研讨会之外，我们还每月编辑发布《互联网法律通讯》，跟踪世界各国的互联网立法、执法、司法和政策动态，就重要议题组织学术讨论，并实地调研了八家国家重点新闻网站。

两年多的中心工作，对我弥足珍贵：不仅让我把互联网治理确定为硕士论文主题，结识了一大批至今仍然活跃在互联网研究领域的师友；还促使我从信息基础权力出发，把认证作为国家能力的柱石，展开政治学博士研究。为了收集论文研究材料，我专门到清华大学网络行为研究所做了较长时间的学术调研，深入考察了中国信息化建设的历史进程。

在博士毕业以来的十四年中，互联网治理一直在我的学术研究兴趣之列。我不仅做了多项相关科研项目，还在 2015 年秋季专门给中国人民大学 PPE（哲学、政治与经济学）专业的第一届本科生、国际政治—新闻学与新闻学—国际政治实验班的第三届本科生讲了一学期互联网政治学课程，这些工作构成了本书的基础。

本书最终成于三年疫情期间。在疫情之前，我受国家留学基金委员会资助，到美国耶鲁大学做访问学者，我的合作导师詹姆斯·斯科特教授是个习惯手写而非电脑写作的政治人类学"手工艺人"，他说给我的合作研究邀请函做电子签名，是他人生中开天辟地头一回。这种对信息环境的排斥，在美国并非偶发现象，在疫情之下的美国更是如此。这多少让我想起了阿西莫夫在《银河帝国》中构想的索拉利星球，那个只有一千两百人却以机器人为仆、彼此之间老死不相往来的星球。在疫情暴发之后，信息技术在太平洋两岸两个大国的社会应用既有很大差异，也有很大共性。人们前所未有地置身于钱学森先生所说的信息环境之中，一家人生活、工作、购物，孩子上学，都在网上，本书的不少想法形成于这一时期。本书构思于 2022 年春季，我在北京大学人文社会科学研究院访学期间。本书成稿于 2022 年 11 月下旬，现实世界与信息环境的巨变前夜。在这三年中，无数人对生命、生计、生活的生生之道有了新的体悟。

本书所描摹的，正是信息技术革命所塑造的信息环境及其发展、治理与安全对现实世界的影响。全书分九章，一、二、三章探究信息环境与现实世界的异同，信息社会在现代世界的兴起，以及信息技术条件下的国家认证能力革新。四、五、六章阐述认证如何嵌入信息技术所支持的互联信息网络治理，如何通过身份认证、行为识别构筑双重机制，互联网如何从“不可治理”转向“可治理”。七、八、九章勾勒信息技术所引领的“高技术疆域竞争”的内外展开，揭示这种内外双重竞争的焦点，即对信息技术所塑造的信息环境这一新世界的定义权。本书认为，信息技术既可以编码齐民，也可以纺织世界。谁能取得蕴含更多可能性、更大包容性的技术领先地位，谁能将先进技术变成社会上下、世界内外的纺织术，谁就能突破旧世界、定义新世界。

在我动笔写下这篇“序”的时候，美国要求字节跳动出售在美子公司 Tik Tok，中国成立国家数据局推进信息化，人们热议聊天机器人（ChatGPT）会不会掀起信息环境的新风暴。种种情势表明，互联网究竟是服务于少数人垂拱而治优哉游哉的小宇宙，还是亿万人追求实现美好生活的大世界，对这两种未来的争论仍将继续。

目录

歌者的古歌谣

我看到了我的爱恋
我飞到她的身边
我捧出给她的礼物
那是一小块凝固的时间
时间上有美丽的条纹
摸起来像浅海的泥一样柔软
她把时间涂满全身
然后拉起我飞向存在的边缘
这是灵态的飞行
我们眼中的星星像幽灵
星星眼中的我们也像幽灵
……

——刘慈欣《地球往事·死神永生》

汪成为*同志：前送“Virtual Reality”文，想已见到。此词中译，可以是：1. 人为景境（不用“人造景境”，那是中国园林了）。2. 灵境。我特别喜欢“灵境”，中国味特浓。请酌。

——钱学森，1990

灵境技术是继计算机技术革命之后的又一项技术革命，它将引发一系列震撼全世界的变革，一定是人类历史中的大事。

——钱学森，1994

* 汪成为，中国工程院院士，国家863计划信息领域首席科学家，智能计算机专家组组长，国家重大基础研究973计划信息领域召集人。

一

灵境内外

钱学森与中国信息化

2021年12月19日，美国商人扎克伯格宣布将Facebook改名为“Meta Universe”（元宇宙），向“虚拟现实”（Virtual Reality）进军，这不禁让人想起了科学家钱学森与中国信息化的故事。

现代世界科学技术正处在日新月异的发展过程中，各门科学都有了崭新的发展，并且彼此互相带动、互相交叉，产生了许多边缘科学和新的科学生长点，使自然科学占领了许多新的领域，引起生产技术的不断更新。[①]

1956年12月，我国首份科技发展远景规划中的这段话，放在今天也并不过时。

正是在落实这份“十二年科技规划”（1956—1967）的紧急措施文本中，刚刚回国一年、45岁的钱学森力主重点发展导弹、无线电、电子计算机、自动化、原子能和半导体技术，并将电子计算机技术作为“穿针引线”的加速器。钱学森意识到，电子计算机技术将在广泛领域代替人的部分脑力劳动，将深刻影响现代社会，堪称18世纪

① 国务院科学规划委员会，《1956—1967年科学技术发展远景规划纲要》，1956年2月开始编制，1956年12月开始执行。

蒸汽机、19 世纪电力和 20 世纪核能之后人类社会的又一次技术革命。因此，他和华罗庚等人一道积极推动中国计算机专业的学科建设和人才培养，间接促进了中国第一台电子计算机、第一台晶体管电子计算机的研发。1956 年 10 月，堪称中国信息化的“钱学森时刻”。

20 世纪 90 年代，钱学森对灵境技术（Virtual Reality）推崇有加。他认为，“Virtual Reality”所造就的，不是中国园林式的“人造景境”，而是一种“人为景境”，所以译为“灵境”更恰当，“中国味特浓”。在他看来，所谓灵境技术，就是用科学技术手段向接受者输送视觉、听觉、触觉、嗅觉信息，让接受者感到如亲身临境，这临境感不是真的亲临其境，只是感受而已。这境也是虚的，不是实的，所以他用传统文化中的“灵境”来表达这个矛盾。他认为，到 21 世纪后半叶，通过人机结合大幅拓展人的知觉，灵境技术将让人进入前所未有的“大成智慧”的人工智能世界 :“新人类”将在这个新天地中诞生，人将神化为超人，具有大到宇宙、小到微观的超人感受，继而引发一系列震撼世界的变革。因此，对于人类历史而言，灵境技术可以说是继计算机技术革命之后的又一项大革命，正如人有了语言和文字。钱学森对灵境技术、人工智能与人类未来的这些判断，颇具中国智慧。

从计算机技术革命到灵境技术革命，从信息化社会走向智能化社会，计算机技术所创造的互联信息网络，与灵境技术所提高的人类创造能力一道，构成钱学森所说的“大成智慧工程”，这一切都发生在信息环境（Cyberspace）之中。信息环境不仅是给人便捷感、集成感、超时空感的人为景观，而且是给人智能感、临境感乃至超人感的灵性之境。

互联网的两个二重性

既是人造的，又是灵性的——这既是信息环境的本质，也是信息技术、互联网络的本质。正如钱学森既是数学博士又是航空物理学博士，信息技术正是在数学和物理学等多学科交叉地带生长出来的。

不仅如此，究其源头，从孕育到出生，从成长到成熟，信息技术、互联网络和信息环境，还既是国际的，也是国家的。互联信息网络（后简称“互联网”）的前身，是成立于 1958 年 2 月的现实版“神盾局”——美国国防部高级研究计划局（Defense Advanced Research Projects Agency，缩写为 DARPA)，为应对核战争而在 1969 年开发出来，主要用于军事要地连接的阿帕网（Advanced Research Projects Agency Network，缩写为 ARPANET）。随后，在美国国防部高级研究计划局和美国国家科学基金会的推动下，美国逐渐形成了连接全国各个大学促进技术发展的学术网，同时建成了改造政府流程的专用政务网。经过四分之一个世纪的发展后，美国建成了较为完善的三个互联信息网络：国防部主导的军用网、大学主导的学术网和政府主导的政务网。之后，美国才开始大规模地将互联网商用化、民用化、国际化。

这个过程表明，互联网既是美国的国家网，也是美国的国际网。对世界各国而言，所谓国际互联网，实则是把本国数据网络接入美国的国家网，互联网的国家性成了其国际性的底色。既是美国的国家网也是国际的互联网，互联网的这种双重特征决定了美国对互联网的长期主导乃至单边主权，决定了世界各国的互联网政策受制于美国国内政治的变化，这是信息环境的基本情势。没有领势技术，没有技术主导权，就谈不上信息主权，“主权互联网”也就更可能成为随风而逝的沙丘。

总之，互联网这一具有领势功能的“高技术”（High Technology），首先在美国这个主权国家内部孕育出来，然后超越了美国的领土边界，吸引世界各国相继接入，并不断向陆地、海洋、天空伸展，最终造就了一个无边无际无内无外的“高技术疆域”。

互联网的美丽新世界

那么，对于人类社会的现实世界而言，这个“高技术疆域”，这个虚拟信息环境，究竟是一个美丽新世界，还是一个网络乌托邦呢？

1996 年 2 月 8 日，美国网络自由主义者约翰·佩里·巴洛（John Perry Barlow），在瑞士达沃斯对信息环境不同于现实世界的独特之处，作了颇具俄狄浦斯弑父意味的宣示。[①] 他表示，互联网创造了一个和现实世界处处不同的美丽新世界，在这个美丽新世界中，只有精神、灵魂和思维，没有物质、肉体和边界，更没有等级特权、偏见和压迫。“你们关于财产、表达、身份、迁徙的法律概念及其情境对我们均不适用。所有的这些概念都基于物质实体，而我们这里并不存在物质实体。”这个美丽的新世界不接受现实世界的教化、约束、殖民和统治，也不接受任何政治和法律的强制支配。这个世界所拥有的，是一个更人道、更公平、更合理的“思维文明”，它会终结工业世界的政府专制，创造出一个异彩纷呈的美丽新世界。长期以来，这份毫不妥协的“信息环境自由宪章”，一直被视为这个美丽新世界的“独立宣言”，巴洛本人也被视为

---

① [美] 约翰·佩里·巴洛：《网络空间独立宣言》，赵晓力译，载《互联网法律通讯》2004 年第 1 卷第 2 期，第 17—19 页。

这个美丽新世界的托马斯·杰斐逊。

的确，在20世纪的最后三分之一，随着信息技术革命的兴起，网络成为信息的基本组织机制，这一颇具“创造性破坏”色彩的新机制塑造出了一个全球尺度的“信息社会”——一个技术上无远弗届的“全球信息环境”。网络化成为信息社会的组织规则，在信息处理、知识互补、利益分享、互惠信任上，都既优于市场交易又优于科层组织。

但是，这种新机制在促生“新社会”的同时，也延续了国与国之间在全球化体系中经济、政治权力分布的不对称结构。它只把那些“有价值”的人口、社群、产业和领域囊括在内，并将其转化成新经济要素，而排斥那些“没有价值”的人、物及其组织方式。[①] 因此，这个新社会只在技术上是新的，在本体论上仍然在两极化的老路上高歌猛进，世界各国的社会结构、劳资关系，尤其是生产方式，即使经过了信息化改造，也仍然在沿着这个方向发展。

循此而言，信息环境与现实世界之间的差异并不像表面上那么大。信息环境的政治文化仍然受到现实世界的巨大影响，信息环境所孕育的“新文化”也可能从繁花盛开的巅峰走向封闭萎缩的低谷。而在一国内部，信息环境的政治文化也仍然受到现实世界的思想观念及其竞争格局的

---

① [美]曼纽尔·卡斯特:《千年的终结》，夏铸九等译，社会科学文献出版社，2003，第73—189页。

巨大影响，前者甚至可能只是后者的镜像。正如2013年斯诺登事件所揭示的[①]，信息环境内部仍然具有鲜明的政治与社会控制特性，在域名、地址、传输、代码、内容、搜索等关键信息资源或基础设施上仍有主权边界，而且仍由美国一国主导。互联网因此成了单极霸权控制弱势国家和国家控制公民的政治工具，所以，信息环境同样流行着现实世界相同的主权话语。

信息技术看上去催生了一种全新的“信息政治”。信息技术革命重塑了社会权力的组织方式，提高了人们的集体行动能力，拓宽了政治参与渠道，使之在组织、控制、后勤和沟通上都可能很快从量变走向质变，信息环境因此成为政治学、法学、社会学和经济学等不同学科的新领地。但是，即便是在信息技术的主要发源地——美国，信息环境的各个层级、各个领域仍然是“赢家通吃”的。网络政治信息及其话语权，仍然是由少数精英所创造和过滤的。丑闻爆料等舆论传播事件，仍然受制于精英群体的问题意识、兴趣取向，普通大众分歧严重，影响力微不足道。这种政治权力的极化现象，也导致政治讨论产生了粗俗化的趋势。总之，看上去互联网并没有实现美好的民主承诺，互联网的高度开放性反而加速生产着新精英，强化着旧精英的权力，延续着“老贵族”的统治，所谓“新政

① [美]格伦·格林沃尔德：《无处可藏》，米拉、王勇译，中信出版社，2014，第三、四章。

治”看起来不过是“新瓶装旧酒”。[①]

新的信息规则所催生的新经济，也并未缓解不同国家、阶层和族群之间的政治经济不平等。在微观上，信息本身的“高固定成本、低边际成本”，让信息技术表现出了许多新特性，比如即时性、个人化、真实性、便捷性、实体化、可购买、可发现、高度依赖解释说明，新经济的商业模式也建立在这些特性之上。但是，网络效应、网络外部性和需求方规模经济，这些网络空间的基本规则仍然遵循着现实世界的正反馈原理，强者更强、弱者更弱，这导致了有利于大网络、不利于小网络的“经济极化效应”。[②]新经济改变了传统的经济链条，重新定义了生产和消费，让消费者在消费的同时也具有了生产功能，随时生产着数据这一新经济的“黄金”，却并未获得应得的报酬。

在宏观上，以信息化、网络化、全球化为特征的信息资本主义，对全球经济的影响也并非全然积极。[③]一方面，作为信息技术革命不可或缺的物质基础，信息资本主义全球经济激发了成熟工业化经济体系的生产潜力，推动了生

---

① [美]马修·辛德曼:《数字民主的迷思》，唐杰译，中国政法大学出版社，2016，第一、二、七章。

② [美]卡尔·夏皮罗、哈尔·瓦里安:《信息规则》，张帆译，中国人民大学出版社，2000，第5—46、152—199页。

③ [美]曼纽尔·卡斯特:《网络社会的崛起》，夏铸九等译，社会科学文献出版社，2001，第91—186页。

产方式、管理方式和就业方式的转变。生产方式从福特式大规模工业化生产，转向后福特主义的弹性生产，公司结构从垂直的科层系统转变为水平的网络企业，就业方式从稳定工作制转向弹性工作制，劳动者的工作条件、工作酬劳失去了可靠性和稳定性。或许更为关键的是，信息技术催生了一个 7×24 小时不间断运作、相互依存并处于价值链金字塔尖的全球金融市场，它以解除规管、私有化、贸易和投资的自由化等新自由主义政策为门槛，谋求建立新自由主义的全球经济帝国，因此也引发了更多全球尺度的社会经济后果。比如，商品与服务市场的全球化，信息生产与有选择的科学技术全球化，法律、影视文化生产等专门化劳动的全球化。同时，还有越来越多来自社会的自我保护运动，比如，与贸易全球化对抗的区域化运动，与多元主义相争的保守主义运动，以及原教旨主义在政治与宗教领域的复兴等。

这些方面展现了信息环境与现实世界之间的密切关联。技术从没有离开过政治，政治也从没有放弃过技术。当政治统治越来越依赖某种技术方式的时候，人们对于治理的正当性、合理性的追问就会朝着更为深刻的方向前进。事实上，在信息政治领域，治理的艺术与治理的技术如影随形。信息技术从来都不能被简单视为一种社会控制手段，而应将时刻考虑可能性、必要性、合理性和正当性。这就势必引出这样一个问题：互联网是可治理的吗？

不可治理还是可治理

信息环境与现实世界当然不是毫无差异的，它们彼此之间的政治、法律与政策竞争复杂激烈，这种竞争本质上是一种主权竞争。我们在现实中看到的主权是有边界的，它作用于特定的人口、土地、资源、能源，表现为国家权力对内的最高权威和对外的排他自主。而信息环境之所以有能力挑战主权国家的政治权威，首先是因为信息技术超越了主权国家的领土边界，有国家权力鞭长莫及之处。其次，信息环境之基础架构的技术特性，也使之具有某种超越性。

过去，人们通常把互联网分为物理层、代码层和内容层三层①：物理层是最底层，是信息流通的渠道，包括联网的计算机和手机等便携设备、连接计算机的网线、路由器以及作为网线替代物的无线频谱。代码层为中间层，是互联网的应用层，即硬件运行的代码，包括：互联网协议，如文件传输协议（FTP)、简单邮件传输协议（SMTP)、超文本传输协议（HTTP)，所有实施传输控制协议（TCP/IP）的代码；在此基础上运行的软件，如浏览器、操作系统、加密模块、JAVA、电子邮件系统及其他元素。内容层位于最顶层，是指经由网线所传输的文

① [美] 劳伦斯·莱斯格：《思想的未来》，李旭译，中信出版社，2004，第23—25页。

本、图像、音乐和影视作品等。随着人们愈加需要信息技术的便利性，随着移动互联网的兴起，搜索层、传输层和应用层越来越从代码层独立出来。

在这六大层级，在对人的统治权、管辖权和立法权方面，信息环境不仅可能，而且事实上正在与现实世界的国家政府展开激烈竞争，争夺着对新世界的定义权，这涉及下述一系列重大问题。[①] 信息环境的基础架构行使着对作为网民的公民的网络生活的事实统治权。这本质上就是传统国家对其公民的主权。

这种信息主权代表了什么样的新权力和政治形态？这种新权力和政治形态又在多大程度上挑战着现实世界的政治？进而，又是什么因素在影响基础架构？谁才是信息环境下真正的立法者、统治者、主权者，是信息服务提供者还是信息服务的用户？是技术专家、商业公司还是国家政府？是一个单极霸权还是多个国家政府？在信息主权中，究竟是什么样的价值理念在塑造着它的正当性？现实世界的国家政府在信息权力面前是否已经一蹶不振？现实世界究竟有哪些对于信息环境的政治治理权？信息环境的基础架构是否支持现实世界的政治治理，以及，谁来构建信息环境？谁来决定信息环境所要实现的价值目标？

---

① [美]劳伦斯・莱斯格：《代码：塑造网络空间的法律》，李旭等译，中信出版社，2004，第229—257页。

总之，谁来定义新世界，如何定义新世界，如何经略信息灵境？本书的初衷，正是试图回答这些问题。

面对这些关乎信息环境的可治理性的重大问题，我们需要审视网络自身的特性。网络的特性与信息的特性息息相关，正是因为万事万物在信息环境下都可以被信息化，网络化才成为一种广度与深度不断延展的组织方式。伴随着信息保存介质的革命，人类文明的海量信息也可以跨越时空产生更为长久而深远的影响。信息技术还是一种典型的公共物品，它在生产上没有竞争性，反倒具有极强的共同创造性。它在使用上也没有排他性，反倒具有近乎无限的高度共享性。它一旦被创造出来，便可以无限复制，从而极大地造福于人类社会。在万物互联的时代，个人化传播正挑战着传统的“一对多”传播。信息以光速瞬间流动，催生了个人难以消化的信息爆炸，同时也为信息的筛选、过滤和操控提供了可能性。信息技术也因为其瞬时光速高效的传播，而在社会舆论上具有某种极为强烈的爆炸效应，这便为内容治理带来了困境。

那么，信息的这些特性是否意味着互联信息网络是不可治理的？

这又需要重新回到对互联网本质的理解上。作为一种军事武器技术，互联网具有高度的控制性，当然也是可治理的。在政府的专用网中，互联网的可治理性不言而喻。作为一种技术发展的学术网络，它需要开放包容的成长空间，在这个网络中，发展的空间似乎越大越好，治理似乎越少越好。因此，我们对互联网可治理性的探索，重心是面向大众的商业网和社会公用网。在信息技术革命兴起的最初三十年中，互联网的不可治理性成为学术技术网的正当性之源，衍生出了“代码即法律”“网络中立”“链接免责”之类说法。互联网治理的可能性，主要来自大众用户在信息社会所遭遇的现实困境。作为一种无远弗届的技术，互联网连接了大西洋南北与太平洋东西两岸，连接了陆地、海洋与天空。在它的主要发源地，美国西部所代表的“不可治理论”与美国东部所代表的“可治理论”，始终在角力之中。技术权威与政治权威之间的缠斗，推动了互联网可治理性的发现。

当然，更有效的治理并不在于看上去更保守，而在于如何建构一个界面更为友好、更加包容的政治架构，这在很大程度上取决于能否利用互联网本身的架构，使新技术满足政治治理的要求，在信息环境的安全有序、先进技术的孕育发展与个人信息的自由沟通之间达到某种平衡。

除了规则制定权竞争，信息环境还从多个层次、场域和维度对现实世界发起了挑战。随着经济的全球化、信息的全球化，犯罪也在全球化；还有通信范围的全球化、通信规模的急剧扩大，互联网标准与关键资源的决策权的跨国分布；以及社会成员之间集体行动的成本降低、能力增强。这些因素大大提高了治理成本，分散了主权国家的传统控制权[①]。信息环境与现实世界之间复杂的政治竞争说明，现实世界从一开始就不接受信息环境的乌托邦主张，而互联网的分布式技术架构既可能严重挑战现实世界的规制，也可能让来自现实世界的政治治理无所不在。

|结语|

灵境之内与灵境之外

现实世界的国家政府发现互联网可治理性的过程，也就是是“认证”这一国家基础能力嵌入信息环境的过程。所谓认证，就是在数据与人或物之间建立一一对应关系。它既为国家行为提供充分的社会事实，又为社会群体影响国家行为提供必要的政治渠道。

面对信息环境，国家需要权衡发展、治理与安全三个重心。信息技术的发展，既在思想上创造了一个充满无限可能的信息环境，也在社会上创造了一个全新的技术精英群体。技术精英借助信息技术的中立性，主张发展的必要性，但信息技术的负外部性超出了技术精英的想象，现实

① [美] 弥尔顿·L. 穆勒：《网络与国家：互联网治理的全球政治学》，周程等译，上海交通大学出版社，2015，第 1—17 页。

世界的国家公民变成了数字化的网民，尽管网民不是可以被商品化的劳动力人口，但却沦为信息资本主义全球经济的无薪或低廉生产者，这既关乎经济、税收，也关乎隐私、自由，关乎身份、行为，其对个人生活的宰制很容易超出社会大众所能接受的程度，其对政治生活的挑战也很容易超出国家政府所能容忍的程度。来自社会大众的自我保护诉求，来自政治家群体的政治正当性需要，让现实世界找到了治理信息环境的必要性。而一旦意识到互联网本身的二重性，一旦遇到全球尺度的大国长期战略竞争情势，安全便又成为互联网治理的抓手。

总之，认证对于现实世界至关重要，对于信息环境同样不可或缺。现实世界的认证需求，贯穿信息环境的发展、治理与安全，互联网的可治理性由此不断演化。现实世界识别互联网可治理性的经验，来自现代国家对现代社会复杂性、偶然性和不可确定性的驾驭，来自从混沌中把握清晰的发现社会之旅。

我将竭尽努力，和中国人民一道，建设自己的国家，使我的同胞，能过上有尊严的幸福生活。

——钱学森，1955

所谓21世纪，都是信息革命的时代了，由于信息技术、机器人技术，以及多媒体技术、灵境技术和遥作技术（Telescience）的发展，人可以坐在居室通过信息电子网络工作。这样住地也是工作地。因此，城市的组织结构将会大改变：一家人生活、工作、购物，让孩子上学等，都在一座摩天大厦，不用坐车跑了。在一座座容有上万人的大楼之间，则建成大片园林，供人们散步游憩。这不也是“山水城市”吗？

——钱学森，1993

二

社会清浊

社会安全号码在美国

2019年夏秋之交，我到美国耶鲁大学访学。作为一个外国人，我被告知需要去耶鲁大学所在的纽黑文社保局申请一个社会安全号码。尽管是美国最早的城市，纽黑文本身并不大，而且据说多数地产均被财大气粗的耶鲁大学买了去，所以其实可以说纽黑文在耶鲁大学。在拿到耶鲁大学校方的介绍信之后，我来到了不远处的纽黑文社保局大楼。社保局大楼门外人流如织，看上去和其他场所没有什么分别。但一进入大门，我就看到荷枪实弹的警察正在要求每个来社保局的人做安检，抽掉腰带，脱下鞋子，提着裤子，走过安检门，才能整理衣装，坐电梯上楼。我过了安检，上楼来到社保局的办事大厅，又看到两个荷枪实弹的安保员在并不大的房间里维持秩序。这种外松内紧的政府部门的事实紧急状态，其实是美国“9·11事件”以来的常态。在这之前，我曾经历过新加坡政府的安检，同样严格，但并没有像美国这样由荷枪实弹的警察在现场警戒守卫。

我到美国之前，从书本上研究过美国社会安全号码。到美国之后，这种对美国政府部门紧张氛围的亲身感受，促使我思考社会安全号码究竟有什么用。原来，在美国，社会安全号码并不是一组简单的九位数字。这组小数字有着大用途，每个人的生命历程都与之须臾不可分离。美国的金融体系偶尔认护照，电子商务主要认信用卡，而办信用卡必需社会安全号码，油商只认社会安全号码，车行也要社会安全号码。普通人要想获得公共服务、商业服务、金融服务、生活服务，都离不开这组小小的数字。也正是这组小数字，让美国实现了从静态的纸质档案社会到动态的电子信息社会的转型，让美国各级政府的政治行动有了相对可靠的社会知识基础，让美国社会从浑浊状态中清晰起来。

信息社会与现代国家

信息社会在美国的兴起，与其现代国家的创建同步。从建国之初起，美国就学习欧洲经验开始了定期人口普查。[①] 在殖民地时代，英国贸易局对13块北美殖民地做过近40次人口调查，但没有做过全境普查。在独立战争时期，为了满足战争开支需求，大陆会议决定由各殖民地按人口分摊军费，因此要求各殖民地进行普查，但最终只

---

① John Koren, Collected and Edited, *The History of Statistics: Their Development and Progress in Many Countries*, in Memoirs to Commemorate the Seventy Fifth Anniversary of The American Statistical Association, American Statistical Association, 1918, pp. 673-674, 681, 711-712.

有马萨诸塞和罗德岛两地执行。从独立建国开始，美国对社会事实产生了比欧洲国家更为浓厚的认证兴趣，这主要是为了确保政府能从社会中汲取充裕的财政资源。从独立建国直到内战时代，美国在财政上属于关税国家，政府收入主要来自外贸，收集对外贸易信息因此成了联邦政府的首要职权，这也正是美国第一部关税法即《汉密尔顿关税法》的重要内容。

美国历史上的第一次普查，由联邦政府依照宪法授权在各州进行。但在1790至1840年之间，人口普查非常简单，因为美国当时还是个农业国家。在内战之后，美国向工业化国家迈进，美国政府的认证需求不断增强。围绕是否常设普查局，美国内部争论不休，美国内政部于1849年3月左右获得普查权，但仍然没有设立常设政府机构。1850至1910年之间的60年，是美国认证制度的改革期。从1850年开始，普查报告统一由设在首都华盛顿的普查局汇总、撰写、分类、编制。美国最终在进步时代将认证制度作为现代国家的基本制度确立下来，于1899年成立了常设普查局，并自1903年起从内政部划归商业劳工部，商业劳工部也就是今天商务部的前身。当今美国互联网治理的主要政府部门，也正是隶属商务部的电信与信息管理局。随着商务部普查局的成立及其承担的第十三次普查的进行，美国在100多年前转型为“认证国家”，认证单位逐渐个体化，并兼容身份、财产、福利和社会经济认证，美国开始走出低效认证困境。

20世纪20年代，既是美国自由放任资本主义、社会达尔文主义大繁荣大发展的十年，也是史无前例的全国性犯罪浪潮席卷美国的十年，美国第一个非电子化的全国犯罪认证系统由此孕育而生。[①]1929年，美国联邦调查局首任局长胡佛（任职长达48年，1924—1972），成功游说国会批准将该局的认证司升级为常设部门，正是该司建立了美国第一个全国犯罪认证系统。当然，这个系统的系统化程度并不高，不真实、不准确、不全面的问题随处可见。在分权思想影响下，美国各级政府之间也并不互联互通，各州内部的犯罪记录信息分散在几百个部门，只有少数大城市出于安全理由建立了各自独立的系统，当时的犯罪记录仍然依靠邮政线路传送，耗时很长。

20世纪40年代末，美国的地方、州与联邦三级政府之间首次通过电报传输犯罪记录，但仅限大案要案。20世纪50年代末，美国刑事司法部门开始使用电脑，但主要用来发工资，做内部审计。20世纪60年代，美国处在向现代社会转型的关键期，社会、经济和文化各个方面都处在巨变之中。在人口结构上，“婴儿潮”一代长大成人，南方农民涌入城市，外国移民迅速增加。在城市化进程上，城市化率快速上升，但走在“快车道”上的是郊区的城市化，内城却在衰落，成了少数族裔的聚集地。在经

① Kenneth C. Laudon, *Dossier society: value choices in the design of national information systems*. Columbia University Press, 1986, pp. 3-69.

济发展上，经济衰退导致失业激增。在社会生活上，民权运动此起彼伏，准军事化的警察力量和国民警卫队成为出于社会安全理由频频动用的国家机器。一旦人处于高度流动状态，而身份、财产等基础信息却无法跟着人走，就会让原本就已十分严峻的社会安全状况变得更加糟糕，福利欺诈现象也会愈演愈烈。

解决这些社会问题的出路，不仅在于人称“美国第二权利法案”的大量社会立法①，而且也极大地得益于全国犯罪认证制度的建设，这正是 20 世纪 60 年代至 90 年代美国信息社会兴起的时代背景。正是在这三十年中，美国借助信息技术重塑了自己的权力结构，创造了一系列影响深远的政治制度，通过犯罪信息、税收和社保等领域的数据库治理，社会生活的基本面清晰展露在国家面前。通过将认证嵌入大型社会治理，美国开始变成一个真正的现代社会。

早在 1994 年将互联网民用化、商用化、国际化之前，美国已经将自己建设成为高度整合、互联互通的“数据库国家”（Database Nation）②——美国社会已经变成了标准化、清晰化的信息社会。③没有信息沟通技术所带来的治理创新，没有把分散在各个政府部门的公共档案整合

---

① [美] 凯斯·桑斯坦：《权利革命之后：重塑规制国》，李云雷译，中国人民大学出版社，2008，第 50 页。

② Simson Garfinkel, *Database nation: the death of privacy in the 21st century*. O'Reilly Media, Inc., 2000, pp.13-36.

③ Kenneth C. Laudon, *Dossier society*, 1986, pp. 3-31.

成常设泛在的全国数据库，罗斯福的“新政”、杜鲁门的“公平施政”、约翰逊的“向贫困宣战”和“伟大社会”计划，都可能陷入大规模身份、财产、福利和社会经济欺诈的沼泽地；尼克松也无法兑现其控制犯罪、恢复秩序的政治承诺，里根无法掀起其经济新自由主义与文化保守主义合体的“新公共管理”惊涛骇浪，布什更无法布下反恐的“天罗地网”[①]，奥巴马政府也无法建设“家长制自由主义”的“简化政府”[②]。简言之，没有透明的信息社会，美国的国家力量不会变得如此强大。

社会安全与信息社会

信息时代也是美国现代犯罪认证制度的成熟期。从约翰逊到福特，作为全国公共意志、公共利益的最高维护者，美国总统屡屡试图谋求建立全国犯罪认证制度的政治共识。1965 年，约翰逊建立了总统执法与司法行政委员会，并提议制定《执法协助法》，这部法律很快出台并获

---

① [美] 格伦·格林沃尔德：《无处可藏》，米拉、王勇译，中信出版社，2014，第三章，以及 Joseph W. Eaton, *The Privacy Card: A Low Cost Strategy to Combat Terrorism*. Rowman & Littlefield, 1986，pp.1-23。

② [美] 凯斯·桑斯坦：《简化》，陈丽芳译，中信出版社，2015，第 1—28、219—242 页。

得国会两院正式通过。1968 年，总统执法与司法行政委员会发布报告称：美国有 20 万科学家和工程师在帮助美国政府建立军事信息系统，在预防控制犯罪上却投入太少，必须尽快建立一个全国犯罪认证系统。[①] 美国需要一个电子化的全国犯罪认证系统，但围绕这个系统究竟应该由谁来控制，行政部门、立法部门还是司法部门，以及如何对刑事司法信息进行宪法约束上，联邦、各州以及各种社会团体之间争论不休，最大的阻力来自美国国会。整个 20 世纪 60 年代直到 70 年代初期，美国国会多次拒绝建立全国数据中心和联邦计算机系统。

1974 年 11 月，转机来临。美国国会在准备通过 1974 年《隐私法》时遇到阻力，因此同意授权国内税务总局、社会保障局、联邦调查局和国防部分别建立自己的数据库，但禁止它们互联互通。但是，时任美国总统福特威胁国会说：如果国会不把这一最为重要的限制条款的监督机构（也就是“隐私委员会”），从政府部门降格为研究小组，自己就否决这一法律。国会最终妥协。但事实上，效忠于总统的白宫行政管理与预算局仍然拒绝执行上述限制原则，高度整合的全国信息系统从此在美国大行其道。[②]

美国的两大政治力量自由派和保守派也就此达成了共

---

① Kenneth C. Laudon, *Dossier society*, 1986, pp. 41-42.

② Kenneth C. Laudon, *Dossier society*, 1986, pp. 365-401.

识，尽管分别出于不同的立场。自由派认为，只有这样才能将新政自由主义所确立的各项社会经济政策遗产传承下来。保守派虽然反对大政府和福利国家制度，但却同样依赖全国信息系统来处理福利欺诈和犯罪问题。最终，联邦调查局获得授权，通过设立国家犯罪信息中心（National Crime Information Center）和国家犯罪记录数据库（National Computerized Criminal History System），组建全国统一的犯罪信息系统。当时，各级政府分别掌握总数为 1.95 亿份的犯罪记录，3500 万份在各州政府手中，2500 万份在联邦政府手中，1.35 亿份在地方警察局，国家犯罪记录系统将这些信息史无前例地整合在了一起。

到了 1980 年，美国的国家犯罪记录系统已累计存档超过 1.95 亿份犯罪记录，几十万份逮捕令，美国全部劳动力中有 3000 万人有犯罪记录。在美国历史最悠久的国家系统中，联邦调查局认证司（Identification Division）拥有 2200—2400 万份指纹卡，1.9 亿平民和军人的指纹，涵盖美国超过半数的成年人。1984 年，国会通过了《1984 年减少赤字法》，彻底放弃了 1974 年隐私法的保护立场。为了减少赤字，国会未经任何辩论就立法要求：全美各州均须加入联邦的全国数据整合、比对与关联系统，以认证食品券、医疗补助、家庭抚育补贴以及很多其他相关福利项目的受益人资格。美国的全国信息系统由此崛起，美国人被分门别类记录在各种不同的国家数据库之中[1]，包括5000万社保受益人、9500万个体纳税人、7500万法人纳税人、3000万食品券领取人、1060万家庭补贴受益人、3000万罪犯、2亿公民指纹、4000万老人额外保障受益人、2000多万医疗补贴受益人、6000多万私人医保被保险人、5100万个人信用卡持有人、6000—7000万信用记录等。

值得注意的是，联邦调查局的全国犯罪历史系统不仅仅是刑事司法行政体系，它同时也是美国的就业筛选工具。在2400万个人指纹和犯罪记录中，超过一半的使用量是为了就业筛选，雇主在决定是否雇佣某个求职者之前，都会通过这个系统来调查求职者的背景，这使之成为美国最大的就业筛选器。因此，它实际上也是美国历史上最大的"黑名单"系统。[2]美国9000万就业者中，有犯罪记录的3000万人都在这个系统中。不仅如此，全国犯罪历史系统还是一个全国信息与身份中心，整合了6万个刑事司法机构及其50万从业人员，几千个其他政府机构以及从地方学区到美国银行等各主要部门的雇员，这个过程被称为"地方职能的国家化"。该系统还涵盖了7000万现役和退役军人、国防承包商和从业人员、核工业从业人员、联邦雇员以及其他需要联邦调查局备案的人员。

此外，美国商务部普查局拥有1790年以来的人口和个人身份数据，国内税收总局拥有自1933年以来的公民

---

① Kenneth C. Laudon, *Dossier society*, 1986, p. 7.

② Kenneth C. Laudon, *Dossier society*, 1986, p. 32.

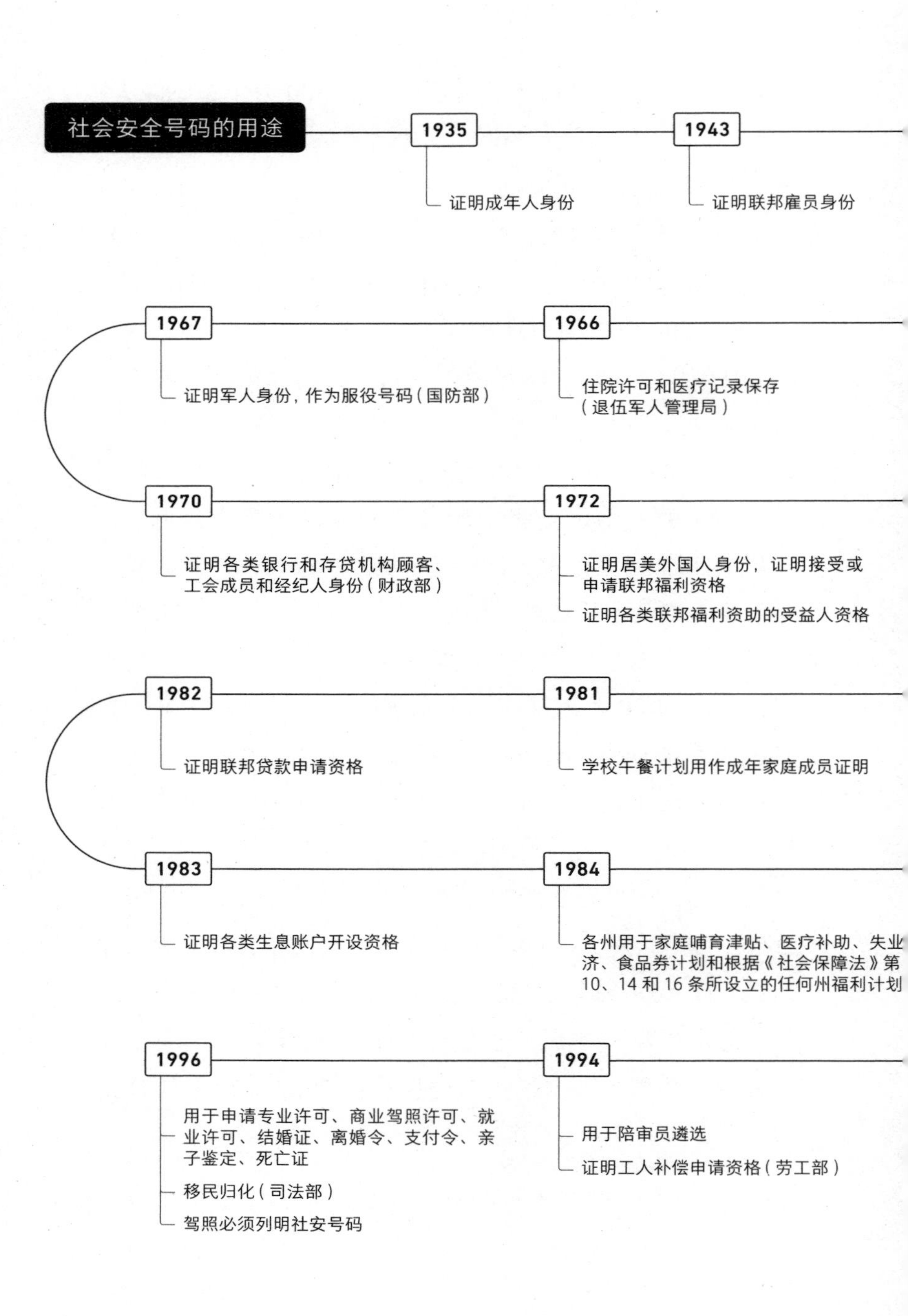
社会安全号码的用途
1935
证明成年人身份
1943
证明联邦雇员身份
1966
住院许可和医疗记录保存（退伍军人管理局）
1967
证明军人身份，作为服役号码（国防部）
1970
证明各类银行和存贷机构顾客、工会成员和经纪人身份（财政部）
1972
证明居美外国人身份，证明接受或申请联邦福利资格
证明各类联邦福利资助的受益人资格
1981
学校午餐计划用作成年家庭成员证明
1982
证明联邦贷款申请资格
1983
证明各类生息账户开设资格
1984
各州用于家庭哺育津贴、医疗补助、失业
济、食品券计划和根据《社会保障法》第
10、14 和 16 条所设立的任何州福利计划
1994
用于陪审员遴选
证明工人补偿申请资格（劳工部）
1996
用于申请专业许可、商业驾照许可、就业许可、结婚证、离婚令、支付令、亲子鉴定、死亡证
移民归化（司法部）
驾照必须列明社安号码

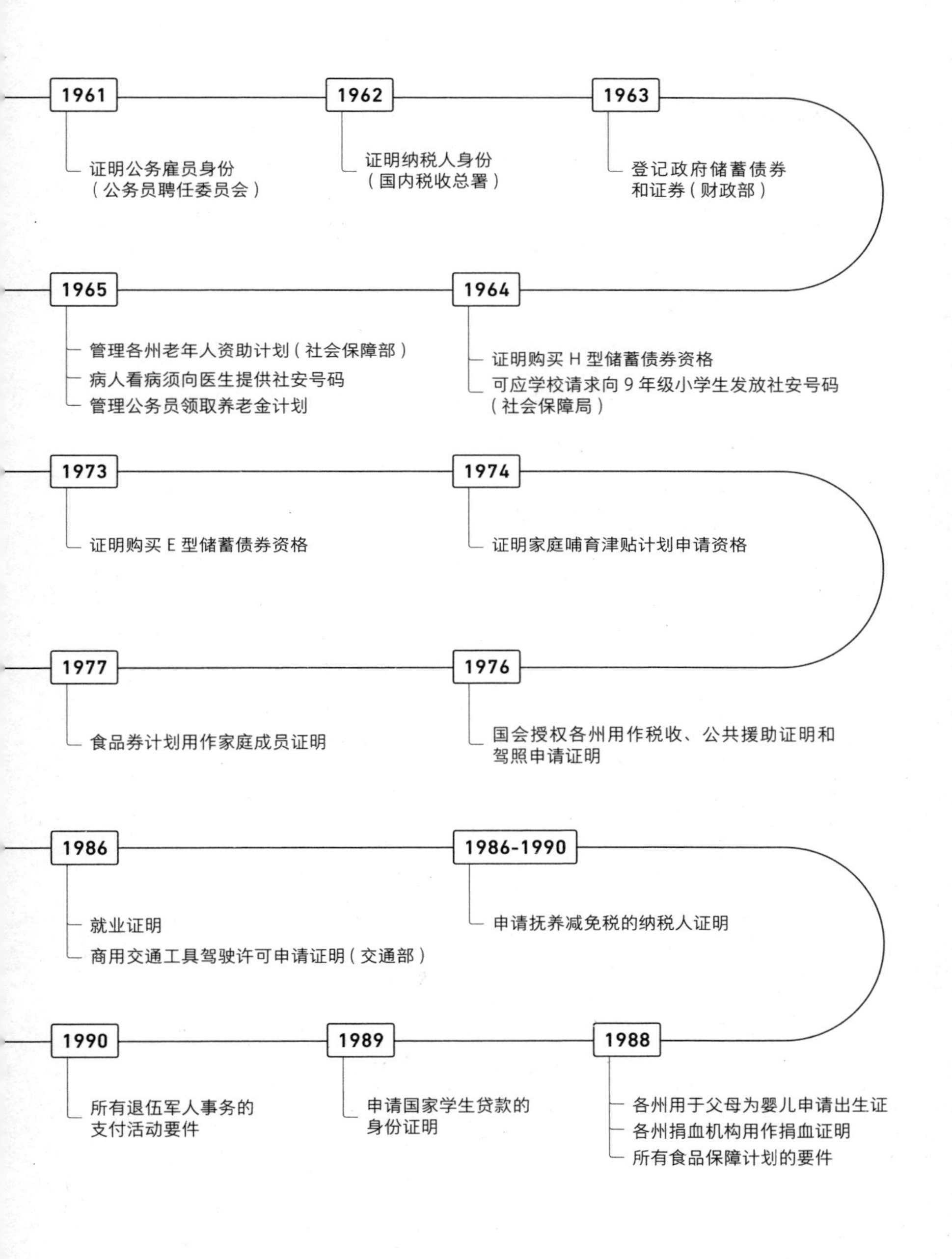
1961
证明公务雇员身份
（公务员聘任委员会）
1962
证明纳税人身份
（国内税收总署）
1963
登记政府储蓄债券
和证券（财政部）
1964
证明购买 H 型储蓄债券资格
可应学校请求向 9 年级小学生发放社安号码
（社会保障局）
1965
管理各州老年人资助计划（社会保障部）
病人看病须向医生提供社安号码
管理公务员领取养老金计划
1973
证明购买 E 型储蓄债券资格
1974
证明家庭哺育津贴计划申请资格
1976
国会授权各州用作税收、公共援助证明和
驾照申请证明
1977
食品券计划用作家庭成员证明
1986
就业证明
商用交通工具驾驶许可申请证明（交通部）
1986-1990
申请抚养减免税的纳税人证明
1988
各州用于父母为婴儿申请出生证
各州捐血机构用作捐血证明
所有食品保障计划的要件
1989
申请国家学生贷款的
身份证明
1990
所有退伍军人事务的
支付活动要件

收入和纳税申报信息，社保局拥有自 1937 年以来 2 亿多人次的医生收入信息、医保、教育、福利和社保数据，公共卫生局全国卫生统计中心拥有 1960 年以来的公共卫生医疗和人口学记录。

在各种全国数据库中，社会安全号码是最为重要的枢纽。1935 年《社会保障法》所建立的养老保险制度，以全体美国人的纳税调查为前提，每个就业者均需申请一个社会安全号码。1960 年开始的社会保障数据库，将社会安全号码与 1937 年以来所有美国人的姓名、收入、福利及其领取记录、住址变更等情况关联起来。社会安全号码的用途不断扩展，成为美国最为重要的认证机制。

如"社会安全号码的用途"图所示，自 1935 年以来，美国普通人日常生活的方方面面都与社会安全号码关联在一起：从中央到地方，从政府机构到私人部门，个人福利号码不仅用于证明公职雇员、军人、陪审员、外国合法居留及入籍等合法身份，也用于证明纳税人、减免税资格、开设银行账户、申请贷款等基本经济活动，用于申请生育津贴、就业资格、失业救济、工人补偿、公共援助、食品券、学校午餐补助、医疗补助、退伍军人福利等福利项目，用于申请出生证、结婚证、离婚证、死亡证等个人生活的重大事项证明，还用于申请各类驾照、专业资质、支付令、亲子鉴定等重要的社会经济事务。

通过社会安全号码这种认证机制，美国在国家与普通人之间建立了顺畅的沟通渠道，将个人的各种身份、经济和社会特征整合起来，建立了有效的国家治理体系，构建了社会安全网络。社会保障的“安全之网”，离不开以个人福利号码为核心所建立的“认证之网”。这是现代人不得不接受的政治现实，正是现代人对国家公共服务的需求，让国家有能力建立“认证之网”，进而构筑社会安全之网。

社会清晰与政治理性

社会信息化成为国家治理化的前提，互联互通的基础认证制度成为社会治理的抓手，它可以重塑权力的组织、控制、后勤和沟通方式，它几乎是所有政治行动的前提。从政治意愿和制度能力两方面实现基础信息的互联互通，是识别公民身份、军人身份、福利受益人、罪犯、嫌疑人，提高社会透明度，减少偷税、漏税、逃税行为，减少福利欺诈，缓解信息和权力的双重不对称，提升政府公共服务能力，增强国家基础能力的制度前提。因此，推动公民身份、财产、信用等基础信息互联互通的过程，也是国家治理的现代化和理性化的重要一环。改造国家认证体系、实现互联互通，是国家治理现代化很好的切入点。它非常迫切，是解决一个大型社会各种大规模治理问题的必需品；它相当可行，可在短时间内提高政府的公共服务能力；它争议较小，更易达成社会与政治共识。

高度整合、互联互通的国家认证体系，最可能受到的质疑在于，它是否会导致国家认证权力的过度膨胀。为了预防这一现象，现代国家通常采取以下三种方式。首先，在认证体系中设计“消除个人可识别性”的必经步骤[①]，除具体负责的认证机构以外，其他政府机构所获得的认证资料，通常都是消除个人身份信息后重新编码的纯净版即匿名版，向社会公开的认证版本更是如此，这可以鼓励公民向国家提供准确、可靠的信息[②]，促进信息流动与公共讨论，推动人们关注信息的实际内容而不仅仅是象征意义，保护个人的时间、位置、人身、名誉与财产免受不当侵犯等等。[③]不过，匿名原则的具体适用范围，关系国家、社会组织与人在认证过程中的互相监督，可以放在具体语境下具体分析。其次，建立相对严密的个人信息保护法，防止个人隐私因为不必要的公开或者犯罪行为而受到干扰。当然，现代隐私法保护的主体是个人，限制的主体也

① See Gary T. Marx, “Identity and Anonymity: Some Conceptual Distinctions and Issues for Research” in Jane Caplan and John Torpey, editors. *Documenting Individual Identity: The Development of State Practices in the Modern World*, Princeton: Princeton University Press, 2001, pp. 319-321.

② See David H. Flaherty, *Privacy and Government Data Banks*, Mansell, London, 1979, pp. 66-68,102-104,164-166,186-200.

③ See Jane Caplan and John Torpey, editors. *Documenting Individual Identity: The Development of State Practices in the Modern World*, Princeton: Princeton University Press, 2001, pp. 316-317.

是个人。自然人与法人的身份、财产、收入、行为、事务等重要认证对象，对于国家而言并不是隐私。如果国家没有能力收集和识别这些社会事实，由此衍生的税务欺诈、福利欺诈、监管失灵、治理失灵和政治失灵，反倒更可能对社会群体和国民个体造成伤害，而且是更大的伤害。当然，还需要第三种限制，也就是政府信息公开，排在最前面的是公务人员的财产申报、政府预算公开并接受社会舆论监督，接下来是涉及国民福利、公共服务、公共卫生、食品安全、药品安全、产品安全、生产安全、工程质量等重大认证事务的信息公开。

看似微不足道的认证制度革命，让美国社会变得清晰透明，提高了美国的国家能力。它把社会事实向政府敞开，增强了政府处理复杂社会问题的制度化能力，同时也为社会大众影响政治提供了便利渠道，让政府的服务界面在社会压力下变得更友好，进而提升了政治、法律和政策的有效性、合理性和正当性。同时，它还打破了僵化的分权思维，让国家在该集权的地方集权，在该分权的地方分权，正是在组织、控制、后勤和沟通上的革命性优势，让社会对于国家来说变得透明了。如果社会不透明，国家对社会的治理就往往是盲人摸象，难免顾此失彼，头痛医头，脚痛医脚。认证制度将政治治理所必需的社会事实汇聚到政府手中，让政府得以通过信息技术改造政府过程，把握社会问题，回应大众诉求。人们往往只关注信息时代的技术进展、商业进展，而忽略信息技术及其所带来的认证革命对政治发展的巨大影响。“没有信息化就没有现代化”，“四个现代化，哪一化也离不开信息化”，美国也不例外。

那么，一旦将“收集一切”作为行动指南，就像美国国家安全局那样，信息技术所增强的认证能力，将如何影响现代人的社会生活呢？1994年，加拿大社会学者大卫·里昂（David Lyon）在其监控研究的开山之作《电子眼：监控型社会的崛起》（*Electronic Eye: The Rise of Surveillance Society*）中反复追问的这一问题，同样值得我们深思。四十多年前，管理控制论的开创者、英国学者安东尼·斯塔福德·比尔（Anthony Stafford Beer）形象地描绘了人的电子形象相对于人之本相的巨大优势，点出了信息技术为什么能够推动监控型社会的崛起：信息技术让治理者掌握了识别治理对象的强大能力，匿名不再可能，隐居不复存在，混沌得以厘清，社会事实史无前例地可能得到全面到无以复加的收集。

一旦隐私卡被视为一种低成本的反恐战略，就有了美国犹他州全球数据监控中心、斯诺登所揭露的“棱镜工程”“上游工程”以及更为野心勃勃的类似监控工程，这些内外监控的政府工程事无巨细地通过关键词过滤技术识别、筛选、存储、记录人们的语言轨、行动轨，最终将“监控型社会”升级为“信息帝国”。

监控型社会的构想，发端于英国思想家边沁的全景敞视监狱，形象化为奥威尔《一九八四》里的“老大哥”，集大成于福柯的“监控社会”之说。1785至1834年，处于原始资本主义进程的英国，爆发了人类历史上最严重的贫富分化，如何强制大量赤贫化穷人劳动而不至于导致劳动力的“浪费”，从而实现“最大多数人的最大幸福”，成为边沁设计全景敞视监狱的初衷。这是自由主义与监控的第一次重要结合，边沁兄弟没有光说不练，他们在英国建立并运营了多家全景敞视监狱式工厂。奥威尔在《一九八四》里让主角温斯顿的日常生活遭遇全天候监控，道出了信息技术密切注视人类生活的极致。福柯批判细致入微的权力技术的经典名著《规训与惩罚》中的规训，在法文里原本就是“监控”，一旦监控成为对微观行为的规训，规训也就成为无所不在的监控。

三十多年来，正是秉持着对监控型社会的强烈反思，大卫·里昂孜孜不倦地写了一本又一本书。比如，2001年的《监控型社会：对日常生活的监视》（*Surveillance Society: Monitoring Everyday Life*）堪称《一九八四》的新世纪版，还有2003年的《作为社会分类的监控：隐私、风险与数字歧视》（*Surveillance as Social Sorting: Privacy, Risk and Digital Discrimination*）和《9·11后的监控》（*Surveillance after September 11*），2009年的《识别公民》（*Identifying Citizens: ID Cards as Surveillance*，2015年的《斯诺登之后的监控》（*Surveillance after Snowden*），2018年的《监控文化》（*The Culture of Surveillance: Watching as a Way of Life*），以及2021年的《流行病监

控》（*Pandemic Surveillance*）。[①] 这些书都在思考同一个问题：现代国家治理越来越依赖基于个人资料的数据库，这会导致什么后果。不过，他多年研究的发现和吉登斯一样，他们都认为监控能力及其扩张是现代性的一部分，是自由主义的一部分，绝非可有可无，而是必不可少。当然，我要做的，并非控诉现代国家滥用监控权的“血泪史”。一枚硬币有正反两面，事物也往往是一体两面的。如果监控是现代性的一部分，那么，它如何在一个自由主义的世界里自我证明？它的正当性从何而来？

回答这个问题，可以说是福柯晚年法兰西学院系列讲演的核心。他用“治理”这一核心概念把监控与自由主义关联起来，监控与人口、安全相关，共同指向现代国家的治理化，即为了解决大规模社会的生产、消费、流动和安全等问题所形成的一套生命政治权力战略。在他看来，整个自由主义治理逻辑的基石都建立在这一点上，其中也包括对人性的假设、对自由市场的假设。因此，可以说，“晚年的福柯”对于“现代国家的治理化”的探讨，是对“中青年的福柯”的一种补正，不再仅仅着眼于批判，而是力图揭示自由主义的内在逻辑，这或许是一种更深刻的批判。这种批判的好处在于，促使人们回归问题本身，思考类似问题是否仅仅是自由主义世界的逻辑。如果不是，那它的普遍性又有多大？

---

① 参见张金可：《大卫·里昂的监控理论研究》，中国人民大学硕士论文，2020。

英国社会学者迈克尔·曼的《社会权力的来源》、王绍光和胡鞍钢的《中国国家能力报告》都是这样一种思路，即探寻现代国家治理所必需的基础权力、基础能力、基础制度，拙著《国家基础能力的基础：认证与国家基本制度建设》也是这种努力的一部分。为了实现现代国家的治理化，需要在人、物与数据之间建立一一对应关系。这种对应关系可以具体化为某个数字、代码、符号，这种规范化、标准化赋予人和物准确、唯一、整合的身份，可以大幅改进政治决策、国家立法和政策制定执行的回应性和合理性。在给这种对应关系做出政治学的学理界定时，我的思路受到了法学的极大影响。我借用“以事实为依据，以法律为准绳”这句法谚，把认证界定为：“以可靠的事实为基础，建构统一的规范。”这种学术界定从区分认证与监控开始的。我把人和物与数据之间的对应关系也看成是一体两面的，监控是负面，认证是正面。认证本身更是监控的前提，但并不能就此简单地把认证也打入冷宫，一票否决。

我曾经撰文论证“认证是权利的诸多成本之一”。与斯蒂芬·霍尔姆斯和凯斯·R.桑斯坦在《权利的成本：为什么自由依赖于税》中所做的努力一样，这种论证意在探寻必须正视和坚守的政治共识，这种共识更多地指向“现代国家的治理化”。这是一种超越时空限制的、普遍的治理逻辑。我把认证作为国家基础能力的基础，所要彰显的，正是“国家的治理化”或者“政治的理性化”。这当然不是在否认现代国家的治理化，相反，必须强调，在现代条件下，正是自由主义首先走到了这一步，并同时调整了自己的政治哲学和政治科学，将其转化为政治正当性的一部分。

法治建设是国家治理、国家建设的一部分，国家治理、国家建设需要各种基本制度。国家认证制度能力不仅仅是权利的成本之一，也是法治建设的必要条件之一，如果人们追求的是一种俭省的法治的话。国家认证制度能力越强，法治的成本就越低，就越可能实现“法治的俭省化”。这里的成本，是指立法、司法、执法过程——包括发现违法、预防犯罪、识别犯罪嫌疑人和逃犯、预防与惩治贪污腐败等重要方面——所必需的各种基本条件，其中，识别、发现、确定公民、法人的身份与财产无疑是基础性、前提性的。

| 结语 |

认证制度与政治秩序

信息技术可以提升国家认证能力。现代国家往往依赖三大基础数据库来保障法律与秩序，这三大数据库分别是犯罪、税收和福利。在此意义上，现代国家的治理是一种“通过数据库的治理”，或者说是一种“通过认证的治理”。在利用基础数据库推进法治的俭省化上，美国是现代国家的先行者。

简言之，国家认证的强化，的确推动了法治的俭省化。然而，成本降低了，并不意味着犯罪的审查、检控或者矫正效率和有效性的自然提高。但是，问题的关键也许在于，全国犯罪历史系统本身成了一个墙内开花墙外香的政府工程。如果不那么苛刻地看，它对于犯罪控制的效率的提升是显而易见的，它也许太有效了，效率太高了，也许要为美国成为世界上监狱人口最多的国家承担部分责任。不过公允地说，犯罪率的提升、安全状况的恶化还有着更为深层的动因。

当我们更多地从经济社会结构层面反思刑事司法政策的导向时会发现，如果不是像美国这样过度依赖国家强制机器来维持法律与秩序，国家认证制度能力的提升完全可以在另一个国家实现真正俭省化的法治状态。这可能也是所谓“后发国家的落后优势”之一。我无意拒绝承认国家认证制度能力的扩展有可能缩减地方生活的长期传统和多样性，然而，这些也许正是现代人生活在现代国家所必须接受的成本。国家认证体系的低效、软弱和无力，只会降低现代人的基本生活质量，放任普通人作为弱者暴露于种种自然灾害、社会风险、法治溃败和政治失灵之中。

惟王建国，辨方正位，体国经野，设官分职，以为民极。乃立地官司徒，使帅其属而掌邦教……大司徒之职，掌建邦之土地之图与其人民之数，以佐王安扰邦国。

——《周礼·地官司徒》

事先大功，政自小始。

——《管子·问》

三

认证纵横

毛利人的可拆卸屋顶

2009年夏，我完成博士论文通过论文答辩之后，在香港中文大学工作了半年，参与一项比较新加坡和中国香港特区政府的政治与治理研究。研究小组为此专门到新加坡做了两三个星期的实地调查，访问新加坡党政学商民各种机构各界人士，行程紧凑，收获颇丰。在新加坡考察期间，一件小事给我留下了深刻印象。

一天，我在住处打开电视，随意换台浏览，偶然看到一部电视纪录片，正在绘声绘色地讲述19世纪新西兰毛利人的茅草屋为什么不是固定的，而是可拆卸的，还没窗户。没有人会喜欢长期住在黑咕隆咚的茅草屋里。原来，毛利人这样做是为了躲避英帝国殖民政府的税收。英国殖民者侵占新西兰后，从流寇变成了坐寇，就对毛利人按照英国本土税制征税。当时英国有两种常设税种：按房子的窗户数量计税的窗户税，和按照五人一灶计税的炉灶税。毛利人为此动用了“弱者的武器”：屋子不仅没窗户，屋顶还能灵活拆卸。一旦接到示警，得知收税官快进村了，全家人就卸下屋顶，抬着它逃之夭夭。这个故事折射了认证与政治之间的密切关系。

2006年秋，在我刚刚开始写博士论文的时候，我的博士导师王绍光先生给了我一部英文书稿供我参考。那是他在美国耶鲁大学政治学系任教时的同事，政治学与人类学教授詹姆斯·斯科特（James C. Scott）的《逃避统治的艺术》的初稿。[①]斯科特对山地与平原地区民众的“可治理性”及其与国家之间斗智斗勇的精彩分析，启发我将“认证”作为国家的基础能力，展开博士研究。粗暴地说，所谓“可治理性”的差异，在很大程度上，就是“可认证性”的差异。对现代国家而言，公民的身份、财产是否可以清晰识别，似乎已经成了国家能否看得见人民的关键，尤其是对于那些极端现代主义国家来说。在税收上可以认证、可以识别的人，才是真正的人民。

或许正是因为与自己的博士研究主题相关，新西兰毛利人与英国殖民收税官之间的故事，在很长一段时间里，一直萦绕在我的脑海。后来，我接到大学图书馆的通知，在他们按照惯例把我的博士论文邮寄到美国做缩微胶片以备长期保存的过程中，快递公司弄丢了我的论文原稿。因此我获得了修改博士论文重新提交的难得机会，这个故事成了我修改期间常常想起的画面。

如果用一句话概括我的博士研究主题，那便是认证与政治如影随形。[②]在人类政治史上，认证无处不在，有国家的地方就有认证。由古至今，从征税、征兵、征役、治

---

① 英文名为，*The Art of Not Being Governed: An Anarchist History of Upland Southeast Asia*, Nus Press, 2010，中译本《逃避统治的艺术：东南亚高地的无政府历史》，王晓毅译，生活·读书·新知三联书店，2019。

② 本章内容在拙著《国家基础能力的基础：认证与国家基本制度建设》（中国社会科学出版社，2013）第二编第五、六、七章基础上修改而成。

安到塑造国族认同、维护行政廉效、分配社会资源维护公平正义、规制监管社会经济事务，从自然人到法人，从土地之类不动产到动产以及货币收入财富，从农业产品到工商产品，从犯罪行为到威胁公共安全的社会经济不轨，从食品、药品和工商产品质量到矿山、工程和交通安全，认证的动因随着国家基本职能的转变和认证需求的增加而不断变化，认证的知识随着认证对象及其特征的增多而愈加丰富，认证的机制也随着沟通技术的革新而更为多样。

认证政治的古今分殊

国家认证受制于国土面积、人口规模、地形地貌、生产方式、社会结构、沟通渠道和社会流动性等因素。国家面积大小、人口多少会影响认证的难易，但如果沟通渠道畅通，大国也可以像小国那样比较容易建立认证，现代国家尤其如此。

地形地貌以山地还是平原为主，也会影响认证能力。国家沟通国民的渠道受到自然阻隔，山地国家难以建立认证体系，平原国家则可以方便获取各种社会事实。

生产方式也会影响认证能力。农业生产更容易将人固定下来；从事游牧和海上渔业生产的人流动性较大，更需要国家掌握人和物的名称、位置和数量等社会事实；工商业生产则扩大了人及其他社会事实的流动性。

社会结构也影响着认证能力。大型社会比小型社会更需要认证，有机团结的社会比机械团结的社会更需要认证，工业社会比乡土社会更需要认证，贫富差距大的社会比贫富差距小的社会更需要认证，陌生人的抽象社会比熟人传统社会更难认证，以个人为原点的社会比以家庭为原点的社会更容易建立认证。

沟通渠道包括人的读写能力和沟通技术，二者与认证能力的关系有两种可能性：要么增强国民个体和社会群体逃避认证的能力，从而削弱国家认证能力；要么增强国民个体和社会群体融入认证的能力，从而增强国家认证能力。不管主动还是被动，意识到认证能力重要性的国家，通常把沟通技术视为增强认证能力的基础手段。

社会事实的流动性，在工商业社会远远大于农业、游牧和渔业社会，因此每个社会阶层都可能有逃避国家认证的通道。关卡林立、标准不一，不仅影响经济发展和社会流动，也导致国家难以建立有效的认证体系。

就古代认证而言，土地、房屋不会流动，人的流动性也不大，易于准确核定，很难从国家认证体系中脱漏出去；动产的流动性很大，易于隐瞒，难以认证。因此，古代国家以土地税为主，贵重物产常为国家专营，土地籍册是最为重要的认证形式。但是，人的流动性又比土地、动产为大，隐而不报的情形所在多有。因此，流动性的差异导致了认证的差异：户口调查的难度大于土地调查，“就地问粮”易于“编审户则”，明中期以后鱼鳞图册（地籍）更是重于赋役黄册（户籍）。[①]

对现代认证来说，人、财、物、行、事的流动性远超古代，常常跨越城乡区隔、行政边界，在全国乃至全球范围内流动。因此，针对身份流、财产流、行为流、产品流与事务流的现代认证形式应运而生，比如护照[②]、身份证[③]、社会安全号码、驾照、产品标签、质量认证标识、工程编码和数字标识符等，国家因此更可能整全地关注流动轨迹，提升治理能力，建立治理体系。与身份文牒官凭路引之类古代认证形式不同的是，现代认证形式既让人财物行事得以自由流动，也让国家能够确认识别流动轨迹。能否垄断国民在境内外的流动方式，甚至成为国家现代化程度的一个重要指标。[④]

比较而言，人口、国土、地形都不是难以克服的主要障碍，不同社会阶层的读写能力和沟通技术以及社会结构的不同特征，才是理解国家与国民个体、社会群体之间认证角力的关键。就总体趋势而言，这些经济社会因素的演

---

① 梁方仲编著：《中国历代户口、田地、田赋统计》，上海人民出版社，1980，第10—11页。

② See John Torpey, *The Invention of the Passport: Surveillance, Citizenship, and the State*, Cambridge University Press, 2000.

③ 中国实施改革开放前，户籍制度对应的是人的流动性不大的社会状况，从1984年开始，被更便于人们流动的身份证制度所替代。

④ See John Torpey, *The Invention of the Passport: Surveillance, Citizenship, and the State*, Cambridge University Press, 2000, pp. 6-9.

化，促使国家意识到了大型社会治理的复杂性，地域广阔、人口众多、地貌多样，增加了治理的难度，社会结构复杂多样、贫富苦乐不均，放大了经济社会问题，这些都成了国家需要解决的政治难题。认证制度是国家基本制度建设的重要一环，是从源头上、从制度上发现进而解决社会问题的关键。如果不能在完成外在结构统一之后，逐步实现国家能力基础结构的内在统一，国家基本职能就可能无法正常履行，国民对国家政治认同程度也就不会高。

与其他古代国家相比，古代中国的认证更成熟、更制度化。国家政治典籍《周礼》描述了人类历史上最为理想的认证蓝图，人民、土地、财产、产品、行为无所不涉，身份、财产、福利和社会经济认证无所不包，为历代政治所镜鉴。人口普查与生命登记结合的户籍制，以赋税为目的的地籍制，为了促进行政廉效的上计制，以及为了推行文教的姓名制，都源于这一理想蓝图。中国从一开始就相当彻底地实现了政教分离，很早就实现并长期坚持身份、财产认证的制度化与国家化，福利认证与社会经济认证的历史也比古代西方长很多。当然，人、财、物行为和事物流动性的加大，认证执行者作为中间层的委托-代理困境，又会在国家认证制度紊乱之际影响古代认证的实效。

征兵、征税、征役和治安的需求，贯穿于在西方世界长期占据重要位置的宗教认证。内外有别的宗教认证既有肯定性的赋权作用，也有否定性的排斥作用。宗教认证决定着古代城邦公民身份、公民权利和政治权力的分配和归属，对于古代城邦的政治与社会生活都有决定性影响。当然，如果政治与宗教之间产生权力冲突，国家就可能会通过宗教认证来否定和排斥对自己主权的争夺。今天，宗教与政治之间已经不存在根本性的权力争夺，国家已经取代教会成为人民的统治者。宗教认证的地位也一落千丈，宗教信仰只是现代国家区分个人的认证符号之一。但在政教合一的漫长千年里，罗马教皇国及其分支教会拥有强大的政治、经济、税收、军事和意识形态权力，对于欧洲各地拥有实际的统治权。

随着西欧早期现代民族国家的兴起，王权逐渐摆脱神权的控制，自主掌握了对自己国土上人财物的认证权。其对人的自由、尊严的追求，不仅仅是相对于上帝，更重要的是相对于资本主义的市场，催生了王权和神权共同青睐的生命登记制度的形成，即由教会定期登记教徒的出生、受洗、结婚和死亡人数的生命登记制度。各国普遍将生命登记确立为身份认证的法定形式，走上了与古代中国一样的“驯服偶然性与不确定性”[1]之路。在现代户口普查补充下，生命登记的内容从最初只包括出生、死亡和婚丧等状况，发展到涵盖活产、死产、死亡、结婚、离婚、收养、认领、撤销、迁徙和疾病等个人的全部重要生命特征。[2]人的整个生命过程都成为国家关注的对象，对人的生命过程的关注与照顾逐渐成为国家的一项基本职能。刚

---

① [加]伊恩·哈金：《驯服偶然》，刘刚译，中央编译出版社，1999。

② 李植泉编著：《人口统计》，台北正中书局，1967，第78—80页。

刚去世的伊丽莎白一世的死亡证，就明确列明了她的姓名、享年和死因。从某种意义上来说，作为统治英国时间最长的君主，她在人间活过的印记，最终具象为英国政府对其死亡的一纸认证书。

简言之，国家认证制度化的水平高低，关乎国家的治理水平与现代化程度。工业革命以来，西方国家才逐渐走上中国自古就有的认证制度化道路。借助现代技术手段，人与物越来越特征化，事实收集权越来越国家化，沟通技术也得到升华，使得认证能力的制度化水平越来越高，渐渐超越古代中国以及现代中国。

现代世界的认证趋同

发达工业化国家通过有效的认证体系，收集人们的身份、财产等基本事实，建立了“认证到个人”的制度机制。[①] 个人与法人所得税预缴代扣制、楼宇与住房数据库都是财产认证体系的基本形式。发达工业化国家之所以能以所得税为主要税源，正是因为在统计意义上成功抑制了包括富人在内的大多数公民逃避认证的意愿和能力。贫富

① 参见拙作《财产认证与国家税收》，《经济社会体制比较》2010 年第 3 期。

差距大的社会显然更需要认证体系，因为富人更有能力逃避认证，从而更可能不受国家基本制度约束。

在有效的认证体系下，所有社会群体和统治群体，都被视为国家认证体系的当然对象。没有身份认证，就没有“国民概念”的出现。没有财产认证，就没有纳税人。纳税人首先是服从国家治理、承认国家强制权力的义务主体概念，然后才是权利主体概念。国家与各社会群体之间围绕逃避与反逃避展开的认证斗争，以国家获得决定性的胜利而告终。发达工业化国家的税务警察权远远超过刑事警察，就是这种胜利的表征，它们存在的正当性就在于控制异常的“反认证”现象。

如果说西方发达工业国家是一种原子式的社会，那么认证体系就是国家从各种社会群体手中接管个人的基本制度。人们隶属于各种社会群体的身份并不重要，重要的是纳税人、福利受益人、消费者、犯罪嫌疑人、选民等无差别的平等身份，重要的是工资、租金、水电费、住所、资产、投资所得、红利、赌博所得等经济特征，重要的是国家对治理对象进行均值检验（Mean Test）的可能性。

在中国，差序格局仍然是支配性的社会关系架构，国家基本制度既需要维护传统社会结构和家庭结构的基本功能，也需要避免受到它们负面功能的减损。由于隐匿、转换身份和财产等现象在传统社会关系结构中更难识别，尤其是在规模巨大、结构复杂、利益多元的大国。

但在总体上，现代世界各国的认证逐渐趋同，这主要体现在这样三个方面。首先是人作为认证对象的特征化。作为最重要的身份认证制度，生命登记和定期人口普查，让个人在国家眼里越来越特征化。欧洲各国通过18世纪工业革命前后开始的定期人口普查，掌握了越来越多个人的身体、社会和经济特征，分类也越来越明确，规则越来越精细。进而，国家就更可能把个人变成纳税人，更可能识别个人的经济、社会和政治身份，进而提高个人对于国家的可治理性。

对国家而言，个人的生命过程越来越清晰，社会的经济过程也越来越清晰。伴随着人的特征化，物也越来越如此。最初现代国家常常把人口普查、住宅普查、农业普查、商业普查、工业普查结合在一起，除了人的各种特征，财产的各种特征也得到了细致的收集。尤其是经济普查与社会统计让现代认证快速赶超古代认证，现代国家对物的特征的识别能力大大超过古代国家，社会生活的方方面面都纳入了国家认证体系。

除了认证对象的特征化，认证模式也越来越国家化。现代国家的社会认证权，主要由政府统计部门行使，社会事实的收集权越来越集中。由中央统计机构，要么是统计委员会、统计局、统计部或登记官统一负责协调、统筹各政府部门，或单独进行各种人口、经济和社会普查。

按照中央统计机构、中央各政府部门和地方政府的权限划分，现代国家的认证模式主要有四种。

第一种是中央高度集中型，是指中央统计机构统一管理其他中央部门和地方政府的统计职能。这适用于政府在政治体系中占据主导地位的国家。比如加拿大和瑞典，其国家统计局、中央统计署负责几乎所有政府统计事务，因此形成了高度集中的中央统计数据库，将个人的身份、财产、住房、司法、教育、文化和福利等种种信息囊括在内。

第二种是部门集中、地方分散型，是指中央与地方严格分工，中央对地方只是业务指导关系。这种分权程度最高，主要是德国模式。当然，在普鲁士帝国时代，德意志的认证模式也是高度集中的，二战之后才从中央集权改为联邦与地方高度分权。地方统计局是认证局的主体，联邦虽然只拥有少量个人资料、个人信息，但98%的统计用于联邦职能，所以这种模式是生产权分散，但使用权高度集中。

第三种是部门分散、地方集中型，主要是指中央各部门负责大部分统计，中央统计机构承担指导、协调职责，对地方统计机构实行垂直管理。这种模式主要是在寡民小国，比如芬兰、新西兰、新加坡、韩国、泰国等。

最后一种是部门分散、地方分散型，主要是指中央统计机构负责协调，中央部门与地方政府在认证上各司其职，美国和英国这类中央政府在社会经济生活中具有强大渗透和广泛干预能力的大国，就是这种认证模式。

但是，无论采取哪种模式，认证的主体都是国家，是政府，尤其是中央政府，认证权越来越国家化。积累认证知识、分析人与物的各项特征、储存社会事实的任务都越来越统归中央政府部门承担，地方政府部门往往只是具体认证政策的执行者而非决策者，收集社会事实的权力越来越集中在中央政府部门手中。这种事实收集权国家化的总体趋势愈加明显，在那些国家基本制度比较完善的国家尤其如此。

总之，认证在国家政治生活中的基础作用不断深化。认证的动因从最初只服务于征税、征兵、征役、治安，发展到濡化、统领、再分配、监管、吸纳、整合等国家基础能力。认证的对象也从自然人一体涵盖法人，并扩展到重大社会经济事务。认证的类型也从以身份、财产为主扩展到福利和社会经济。认证的形式从最初不太真实、准确的人口与土地调查、财产登记，发展到更为全面的定期人口经济社会普查和统计，延伸出信息技术条件下的全国数据库。认证成为国家承担责任、履行职能、提供服务的必要一环，成为国家基础能力的基础，成为最具公共性的公共物品。

“最公共”的公共物品

认证的基础作用渐次铺开。“无知无以行”，认证是国家行动的前提。一部国家的历史，就是一部认证的历史。

国家的运行依赖对人的身份和财产的认证，认证如此重要，以致被视为从城邦这一更多以血缘为政治基础的早期国家形态，转向以地缘、财产为政治基础的正式国家的基本标志。[①]也就是说，存在认证实践和认证制度的政治共同体，才能算作国家。无论政府形式如何，任何国家都需要一系列基本政治制度来作为构建政治秩序的基础，认证制度又是这些国家基本制度的基础。

在认证的基础作用渐次铺开的历史过程中，认证与国家之间的关系，首先体现在认证的动因，也就是认证的推动力上。发展认证最初是为了加强国家强制能力（征兵、征役）和汲取能力（征税）；后来是为了加强濡化能力（推行免费强制义务教育）；再后来是为了增强统领能力，维护国家机构的内部凝聚力；再往后是为了加强再分配能力（福利国家的发展最初与战争紧密关联，但为了再分配，必须建立“社会安全号码”等认证机制；由于能从国家福利中受益，人们也希望被纳入认证体系）；最后，发展认证是为了加强对社会经济事务的监管能力（产品认证、质量追踪等），确保人们的生命安全（病毒认证、健康认证）。今天，认证在“安全国家”“税收国家”“法治国家”“预算国家”“监管国家”“福利国家”“廉效国家”“民主国家”和“健康国家”等一系列国家理想型态构建过程中发挥着基础作用，深入到了社会与政治生活的

① 杨俊明：《古罗马政体与官制史》，湖南师范大学出版社，1998，第39—49页。

方方面面。

认证知识不仅仅是个数字问题。认证最初主要针对以家户为单位的人口、土地及其他重要财产，人口多为税役人口，土地多为纳税单位，财产多为纳税财产。在工业革命初步完成以前，这在中西之间没有太大差别。到了工业革命以后，国家以军事职能为主向以民事职能为主转变，社会经济事务日益繁复，沟通技术越来越进步，人口问题越来越大，财政来源越来越广，使国家有动力并有可能掌握更为可靠的人的身体特征、社会特征和经济特征，认证单位才从家户转向个人、法人以及与之关联的社会经济事务，从总体的人口规模、结构转向个体的身份、生命。

关注人与物的各种身体特征、社会特征和经济特征，关注人与物的名称、位置、数量、流动方向、真假优劣和利弊得失，成为现代国家必须面对的大型社会治理问题的一部分，认证成为国家的一项基本职能。个人的姓名、年龄、出生、教育、婚姻、健康、身份、资格、职业、收入、房产、汽车、荣誉、劣迹、出入境等个人特征，食品安全、产品质量、药品安全、工程质量、生产安全、突发卫生事件等社会经济事务，都在国家认证之列。

认证知识演变到今天，已经涵盖人的各种身体特征、社会特征和经济特征。身体特征包括姓名、年龄、体质、体貌、照片、衣着、文身、指纹、掌纹、DNA 以及其他生物特征。社会特征包括地址、性别、民族、种族、宗教、阶级、教育程度、性取向、语言、就业、闲暇，社会交往、社会身份、技术技能，出生、婚姻、死亡证明，学生证、身份证、护照、通行证、驾驶证、交通卡，以及纳税号码、社保号码、医保号码等。经济特征包括工资、红利、利息、租金、版税、专利费、证券买卖、不动产买卖、奖金、赌博收入，银行账户、存贷状况、信用卡、收入证明、房产证明、居住状况以及消费习惯等。人的各种特征，都成为国家需要关注的社会知识。①

能否通过认证有效沟通国家与个人，成为政治成熟的重要标志。有了不断进步的沟通技术，借助人口普查、生命登记、经济普查、社会统计、个人号码和全国数据库等认证形式，国家就可以建立有效的认证体系，与公民个体直接沟通，这样可以降低中间环节的扭曲损耗，提高政治决策、法律、公共政策直至整个国家治理体系的有效性。

理解认证实践的演变轨迹和认证制度的生长延伸，可以让我们对权力（利）、自由、平等、财产权的实现及其限制有更丰富的理解，对国家推行政教、实施法律、维护

① 加里·马克斯(Gary T. Marx)将认证知识的类型概括为：合法名称，明确的地理位置(地址)，曾用名（化名、字符、数字、社保号码或生物方式，可与前二者关联的），不可与前二者关联的曾用名（假名，匿名，去掉姓名地址的代号），类型知识（人的不同的表现、行为类型），社会分类（性别、种族、宗教、年龄、阶级、教育、地区、性取向、语种、组织身份与类别、健康状况、就业、闲暇活动、友谊类型），识别符号（密码、编码等资格验证，票据、徽章、文身、制服等人为符号，或者游泳能力等技能）。参见 Gary T. Marx, "Identity and Anonymity: Some Conceptual Distinctions and Issues for Research" in Jane Caplan and John Torpey, editors. *Documenting Individual Identity: The Development of State Practices in the Modern World*, Princeton: Princeton University Press, 2001, pp. 312-315。

秩序、有效治理的努力及其边界有更可靠的认识。长远来看，这种平衡的理解，有助于我们在可靠的社会基础构建更加理想的政治、经济与社会模式。

进而，让每个国民不仅仅是纳税人，也是福利人；让每个国民的生命过程得到细致的照看，生活质量得到稳步提升，生命安全得到切实保障。有认证能力的国家与无认证能力的国家，将在这些事关个人福祉、人心安定与政治认同的国家大事上呈现出相当大的差异。建构有效认证体系，就是避免政府两眼一抹黑，无法准确识别界定绝大多数人的经济社会状态、需求和期待，盲目行动，举止失据。要让政府负起该负的责任，及时回应民众诉求，就要让它看得清、看得见。认证为国家行动提供必要的社会知识基础，实乃国家基础能力的基础，堪称最具公共性的公共物品。

| 结语 |

通过认证发现可治理性

信息环境与现实世界之间的关系在国际、国内两个层面都仍然处在变化之中，并未稳固下来。但是，信息环境的确对现实世界发起了各种挑战，尤其是对于一个社会结构变动不居、利益多元化、风险日益增多、问题更趋复杂的大型社会而言，这既是对复杂社会自身的风险规制能力的考验，也是对于国家的大型社会治理能力的考验，也会在很大程度上改变信息环境乃至现实世界的国家与社会、政府与市场、政治与经济、国家与个体之间的关系。

互联网治理本身既涉及关键信息基础设施和信息资源的国际竞争，有国际政治维度；也涉及大型社会治理，有国内政治维度。信息的滚滚洪流，在信息环境中不舍昼夜。数字迷雾制造着匿名的幻象，个人可以自主过滤信息，商业公司掌握巨量用户信息，催生着群体极化、非理性选择以及追逐利润的商业模式，构筑出一个似乎不受规制的“网络乌托邦”。在“网络乌托邦”中，信息不对称与权力不对称的双重困境尤为突出。自然人与法人的身份、行为等社会事实都愈加复杂多样，也更难以识别，这种国家与社会之间严重的“双重不对称”可以说是治理困境的首要根源。

但是，现实世界从未真正在信息环境的虚拟世界面前束手无策，正是通过认证发现可治理性，让现实世界走出了网络乌托邦。事实上，不仅现实世界须臾离不开认证，认证也是信息环境治理链条的第一环，并嵌入互联网的每个环节、每个层次的基础组织架构。认证堪称互联网治理的基石，身份认证、行为识别所构成的双重认证机制，国家认证与社会认证之间的角力，以及国家间，尤其是大国之间围绕最关键的互联网资源认证权的竞争，正在深刻影响和塑造着当代中国与世界的互联网治理。

在网上，没人知道你是条狗。

——美国作家彼得·斯泰纳（Peter Steiner）

我在机器里的电子形象，也许比我本人更真实。它是我的全景，很周全，可以统计追溯……所有细节清晰可见，全部历史无所遗漏，毫不模棱两可。我是一团乱麻，我茫然无措。在统计意义上，机器比我了解得更多。我的镜像比我的实在更真实，这让我黯然神伤。

——英国管理控制学者安东尼·斯塔福德·比尔（Anthony Stafford Beer）

四

身份认证

救救孩子，管管网吧

2002年春，在湖北某公司就职的一位母亲，向记者展示了自己花两年时间做的两大本剪报，并痛心疾首地向全社会强烈呼吁：救救孩子！别让“电子海洛因”毒害了下一代！[①] 这位母亲有切肤之痛，她的儿子原本聪明好学却因沉迷电子游戏而每况愈下，她为此奔走于各大媒体和有关部门，还当众给黑心游戏机老板下过跪。她的剪报集中了200多篇全国各地有关网吧、游戏机危害青少年的媒体报道：有的因沉迷网络而精神失常、六亲不认；有的几天几夜不下网，闷死在简陋网吧里；有的连续20小时玩电脑游戏，双眼突然失明；有的因母亲阻挠进网吧，竟然毒母不成转而弑母；有的长期泡吧为筹上网钱而抢劫杀害网吧业主；有的为见网友离家出走，甚至被拐骗强奸，引发命案；有的从网上发展到网下卖淫、打架斗殴……各类恶性事件，触目惊心，不胜枚举。

无独有偶。2012年夏，湖北天门市的问政网留言板，收到了这样一份家长留言（原文如下）：

暑假回家看13岁的孩子。回来了10天。见面了3

---

① 俞俭、李延丽：“警惕‘电子海洛因’毒害下一代，网吧亟待管理”，新华网，武汉2002年4月24日电。

次。后来一问天天在网吧泡。我统记了一下。现在我们这里有8家有证网吧。6家无证的黑网吧。暑假时间家家网吧生意都好。上网的都是我们这些在外打工的孩子。其中多祥镇晓风、时代网吧全是小孩。还通宵让我们的孩子上网。恳求相关部门管管。

针对这位家长反映的黑网吧和网吧违规接纳未成年人现象，当地文化广电新闻出版局很快回复说，该局已在全市展开文化市场综合执法暑期集中行动，检查了多祥等地的网吧，对晓风网吧、时代网吧违规接纳未成年人现象进行了教育，并按《互联网上网服务营业场所管理条例》予以处罚，还请工商行政管理局依法取缔了包括多祥镇6家在内的无证无照经营的黑网吧。

“管管网吧”“救救孩子”“挽救破碎的家庭”，来自家长的呼吁，成为贯穿中国互联网治理三十年的首要理由。未成年人该不该进网吧？如果不该进，网吧如何判断用户是不是未成年人？网吧的判断有没有法律依据？在移动互联网兴起之前，网吧就是中国互联网与大众接触面的物理层，网吧管理的关节直指身份认证。

中国第一家网吧设立于1996年5月的上海。中国身份证制度虽然始于1984年4月（这与美国要求未成年人也必须有社会安全号码基本同步），但在2004年1月1日之前（长达二十年的时间里），只适用于16周岁及以上的中国公民。未成年人没有身份证明，中国互联网法也并不严格禁止所有未成年人进入网吧。因此，如果肉眼难以区分，即便网吧不受利益驱动，也难以查验用户的真实年龄。如果法律并未严格禁止，在利益驱动下，少查不查就成了常态。合法网吧尚且如此，黑网吧就更不用说了。

自 1993 年中国信息化进程启动以来，中国的信息环境建设已经走过了三十个春秋。以认证水平为标准，我们可以把这三十年的中国互联网治理分成三个阶段，每十年一个阶段。

在第一个十年中（1993—2002），中国的互联网治理处于粗放阶段，不仅物理层不区分未成年人与成年人，内容层也不区分。这是因为，现实世界并没有区分，信息环境也就不加区分。

转折出现在这九年的末尾。2002 年 6 月 16 日，北京蓝极速网吧纵火案导致 25 人死亡、12 人受伤，中国政府随即于当年 9 月立法收紧网吧管理，自此不再审批任何单体网吧，连锁网吧不在此限。这一禁令贯穿了中国互联网治理的第二个十年（2003—2012），直至 2012 年移动互联网大规模兴起后，才于 2013 年废止。

更重要的是，中国政府同时将“禁止未成年人进入网吧等上网服务场所”这一规定从部门规章升格为国务院法规，正式确立了未成年人与成年人的区分。2003 年 6 月 28 日，全国人大常委会通过居民身份证法，自 2004 年 1 月 1 日起，不满 16 周岁的未成年人也可以申领身份证了。中国家长所代表的家庭价值观和社会自我保护诉求，推动现实世界与信息环境几乎同时开始区分未成年人与成年人，这一区分原则延续至中国互联网治理的第三个十年（2013—2022）。

区分未成年人与成年人的前提，正是身份认证。网吧的故事告诉我们，身份认证嵌入中国互联网治理，是从物理层开始的，这是个渐进的过程。

越过长城，走向世界

我们之前讨论过，在美国的信息化历程中，互联网既是美国的国家网，又是美国的国际网，美国是在建成了安全可控的军用网、学术网和政务网之后，才将互联网商业化、民用化和国际化的。换言之，美国是在有了“信息长城”之后，才“越过长城，走向世界”的。中国信息化的优先排序与美国大体相同，区别在于系统化的水平。在 20 世纪 50 年代中期至 90 年代初期的前互联网时代，中国早在 50 年代末就成功研发出电子计算机并将其用在国防军事领域和国计民生行业，60 年代末开始汉字信息处理，70 年代后期开始光通信，80 年代后期开始汉字激光照排，但军事、民政、经济和社会的信息化水平并不高。

和美国一样，学术网也是中国互联网发展的第二个节点。1987 年 9 月，中国学术网在北京计算机应用技术研究所正式建成了中国第一个接入美国的国际互联网的电子邮件节点。当年 9 月 14 日，中国人的第一封电子邮件对外发出，内容如下："Across the Great Wall we can reach every corner in the world.""越过长城，走向世界"，这一电邮内容，似在无意中透视了美国的信息化历程，预示了中国互联网治理的演变。1994 年 4 月 20 日，北京市海淀区中关村教育与科研示范网络工程全功能接入美国国际互联网，中国互联网治理驶入快车道。

1993 年 9 月 15 日，美国克林顿政府宣布实施信息基础设施战略，计划用 20 年时间将光缆铺设到美国每个家庭。1994 年 3 月 21 日，美国副总统戈尔又代表美国政府在商务部电信与信息管理局宣布了全球信息基础设施战略，计划用卫星和光缆联通全球。用"信息光速公路"既联通美国又联通世界，美国这一雄心勃勃的信息化战略，刺激了世界各国。

在这一影响下，中国加速了政务信息化进程。中国政务信息化，由政务内网（办公业务网）和政务外网（政府公众信息网）两网，政府门户网站（一站），人口、法人单位、空间地理和自然资源、宏观经济 4 个基础数据库（四库），以及"十二金工程"组成。

尽管早在 1993 年 3 月 12 日，中国政府就提出了建设国家公用经济信息网计划，但中国信息化进程的大规模开始，是在这一年的年底。这年夏天的一件事，成了加速器。1993 年 7 月 23 日至 9 月 4 日的“银河号事件”，让中国政府意识到信息技术在关键时刻生死攸关，决心建立自主可控的全球卫星导航系统（北斗系统开始孕育，并于 1994 年正式启动），同时加快中国信息化建设进程。1993 年 12 月，中国政府正式启动“三金工程”：金桥工程（国家公用经济信息系统）、金关工程（外贸信息系统）、金卡工程（电子货币系统）。“三金工程”的重心是国民经济信息化。在第一个十年剩下的时间里，中国政府还推动了办公业务资源系统信息化，开始了囊括金卡工程的金融监管信息化，以及或许更为重要的，金税工程建设（税收信息管理系统，国家税务总局牵头，1994 年启动）。

在第一个十年末尾的 2002 年，中国政务信息化进程开始加速[①]，在办公业务资源系统、金关、金税和金融监督四个工程之外，启动并加快建设宏观经济管理、金财（政府财政管理信息系统，财政部负责，2006 年启动）、金盾（公共安全信息管理系统，含人口信息、犯罪信息，公安部负责，2002 年启动）、金审（审计信息系统，审计署牵头，2002 年启动）、金保（人力资源劳动保障信息系统，社会保障部牵头，2002 年启动）、金农（农业信息服务管理系统，农业部负责，2003 年启动）、金质（国家质量监督检验检疫总局牵头，2002 年启动）、金水（水利信

① 参见《中共中央办公厅、国务院办公厅关于转发〈国家信息化领导小组关于我国电子政务建设指导意见〉的通知》，中办发 [2002]17 号，2022 年 8 月。

息系统，水利部牵头，2001 年启动）八大工程。这些金字工程，统称“十二金工程”。

以两网、一站、四库、十二金工程为代表，中国政务信息化向前迈出了一大步。中国政务网与军事网、学术网和以商用网为代表的社会公用网，共同构成中国的信息环境。安全可控是中国信息环境建设的首要要求，由人来管技术，而不是由技术来管人，是处理人与技术之间关系的总体思路。

对于政务网而言，安全尤为重要。因此，在中国全功能接入美国国际互联网的两个月之前，1994 年 2 月 12 日，国务院发布的中国第一部互联网法规，就旨在计算机信息安全保护，对于涉及国家事务、经济建设、国防建设、尖端科技等方面的重点计算机信息系统，建立分级保护制度并沿用至今，着重在物理层确保包括设备、设施、环境、信息安全及正常运行在内的系统安全。既然以安全为要，公安部门就成为当然的受权执法主体。以发展为目标，以安全为保障，中国互联网治理从物理层开始了。

大约两年后，1996 年 2 月 1 日，为了规范中国计算机信息网络的国际网络，国务院确立了四项原则：“统筹规划、统一标准、分级管理、促进发展”。[①] 这四项原则重心落在发展上，在管理上采取“新旧区分”：“新网新办

① 参见国务院：《中华人民共和国计算机信息网络国际联网管理暂行规定》，国务院第 195 号令，1997 年 2 月 1 日。

法、老网老办法”。已建的互联网络，分别由邮电部、电子工业部、国家教育委员会和中国科学院管理。新建的互联网络，由国务院信息化工作领导小组作为执法主体，由其负责协调解决国际出入口信道提供单位、互联单位、接入单位和用户的权利、义务、责任及检查监督。在这一国务院法规的实施细则中，身份认证首次亮相。身份认证出现在物理层向传输层过渡之际，用户向接入单位申请国际联网时，应提供有效的身份或其他证明文件。这意味着，在中国信息化进程之初，身份认证从物理层行进到了物理层与传输层的交界地带。

同样是出于安全考虑，身份认证来到了代码层的门口。1999 年 10 月，国务院授权国家密码管理机构，管理商业密码，也就是不涉及国家秘密的信息，在加密保护或安全认证时，所使用的密码技术和产品。中国商用密码的科研生产，均为指定特许业务，在其销售环节中，销售者必须履行身份认证要求，按照登记备案制，报备用户的名称、地址、组织机构代码以及每台商用密码的产品用途。①

总体而言，中国互联网治理的第一个十年（1993—2002），只是个起步阶段。身份认证首先嵌入了中国互联网络的物理层，然后进入了物理层向传输层的过渡环节，最后来到了代码层的门口。至于内容层的治理，并不以身

---

① 参见国务院：《商业密码管理条例》，国务院第 273 号令，1999 年 10 月 7 日。

份认证为前提，尽管内容层治理或许更需要身份认证。

这是因为，在中国互联网治理的第一个十年中，中国的政务信息化、经济信息化和社会信息化都处在水平很低的初始阶段，中国也因此迫切地拥抱着信息化，希望以信息化带动工业化乃至整个现代化。进而，信息化的发展要求优先于安全需要，边发展边治理，在发展中治理，成为这一时期中国政府处理信息化过程中所遇问题的主要原则。

在中国信息化驶入快车道、信息基础设施迅速迭代连通全国、汉字代码技术日益革新的大背景下，在20世纪的最后三年，中国商用网兴起了，包括1998年的搜狐、网易、新浪，1999年的QQ（2003年发展为腾讯）、3721（360的前身）、京东、当当、阿里巴巴，以及2000年的百度。搜狐、网易、新浪、腾讯，中国互联网的“四大门户”成为中国社会舆论场的市场化舞台，一时风头无两，与公共媒体渐成分庭抗礼之势。以“四大门户”为代表的中国商用网的兴起，频频将其商业模式也即盈利模式建立在“擦边球”上，因此学界人称“非法的兴起”。新经济主体借助信息技术所塑造的“匿名乌托邦”迷雾，自视为先进技术的当下与未来代表，或明或暗地挑战着现实世界。

抱着孩子，破解密码

不止于此。随着中国接入美国的国际互联网，窗户打开了，苍蝇蚊子也跟着飞了进来。网络侵权（主要指知识产权）、网络色情、网络赌博、网络诈骗、垃圾邮件、电子病毒等各种网络违法犯罪现象，匿名性更强的暗网甚至成了“线上金三角”。互联网的匿名性所带来的公共安全、社会安全和网络安全困境，成为中国与世界面临的共同问题。

没有身份认证，很难识别违法犯罪，就此而言，信息环境和现实世界没有区别。信息服务商出于营利目的，信息用户出于自我保护需要，都要求国家政府将现实世界的身份认证适用于信息环境。在美国，保护知识产权（Copyright）成为网络实名制的第一推动力[①]，与世界各国主张知识共享（Copyleft）的力量，展开“魔高一尺，道高一丈”的反复斗争。

在信息化突飞猛进十年后，中国互联网进入了“由乱

---

① 2010 至 2011 年间，美国哈佛大学 Safra Research Lab 研究员阿伦·斯沃茨（Aaron Swartz），开发了一个软件，以超过人类点击鼠标的速度，每秒重复点击上百次，持续使用麻省理工的 IP 地址，在几周内下载了很多 JSTOR 数据库的学术文章。作为哈佛大学研究员，他可以无偿使用 JSTOR 数据库，无需非法下载。斯沃茨因此被起诉侵权，后在认罪辩诉阶段，于 2013 年 1 月 11 日，在纽约布鲁克林寓所内上吊自杀。2022 年 10 月，美国贸易代表办公室在接到版权投诉后，开始调查“全球最大的数字图书馆”z-library，2022 年 12 月，z-library 的域名被美国多个执法部门联合扣押封禁，这一事件引起各国网民的广泛关注。

及治”的第二阶段（2003—2012）。

中国网民规模不断扩大，四大门户的舆论影响力也随之增强。一旦经过信息技术这个倍增器放大的社会问题得不到及时解决，随时会造成更为严重的社会政治困境。因此，从2000年到2003年，中国政府确立了八家重点新闻网站：新华网、人民网、央视网、中国网、国际在线、中国日报网、中青网、中国经济网。“四大门户”与“八家重点”并非互成犄角，而是在中国的社会舆论场中相互竞争。

然而，更重要的转折来自学术界。2004年8月，在美国加利福尼亚国际密码学大会上，山东大学数学教授王小云宣布已破解四大国际通用密码算法：MD5、HAVAL—128、MD4和RIPEMD4，举世为之震惊。2005年2月，王小云又率队破解了美国国家标准与技术研究院和国家安全局联合设计的美国政府密码算法：SHA-1，此即坊间戏称的“白宫密码”。至此，美国国家标准与技术研究院设计的两大密码算法：MD5和SHA-1，均告破解，美国政府被迫宣布逐步撤回现行密码，同时尽快更新安全算法。

王小云曾开玩笑说，“我的科研是抱孩子抱出来、做家务做出来、养花养出来的”。而姚期智这样评价她：“她有一种直觉，能从成千上万种可能性中，找到最好的路径。”2005年7月，在杨振宁和姚期智共同推动下，王小云正式调至清华大学任教。此后，王小云等人为我国设计了 SM3 密码算法，为移动互联网时代打造了信息安全屏障，SM3 算法也于 2018 年成为国际通用标准。

王小云以一己之力将中国密码学拉到了世界领先水平，撼动了美国主导的互联网世界。中国人首次洞悉了美国国际互联网的安全基石。中国智慧首次进入了全球信息环境的代码层，提升了中国技术界和思想界的信心，也促使中国人自信有能力将阻隔分立、互为孤岛、受制于人、漏洞频出的信息环境，构造为互联互通、便捷高效、自主可控、安全可靠的信息灵境。

与第一个十年一样，在第二个十年，中国互联网的身份认证仍然主要在物理层摸爬滚打，但也开始向其他层级延伸。2003 年，信息产业部开始规制中国的互联网域名[①]，互联网信息服务提供者的互联网域名或 IP 地址之下所包含的信息内容必须合法，互联网域名申请者必须符合更严格的身份认证要求：域名注册信息必须真实、准确、完整。2005 年，信息产业部建立了互联网 IP 地址备案管理制[②]，法人和自然人均需报备包含完整身份认证信息的 IP 地址信息。2006 年，信息产业部建立了中国互联网电

① 2003 年 7 月 31 日，信息产业部发布《关于加强我国互联网络域名管理工作的公告》。2004 年 11 月 5 日，信息产业部公布《中国互联网络域名管理办法》，信息产业部第 30 号令。2017 年 8 月，工业和信息化部公布《互联网域名管理办法》，2017 年 11 月 1 日起施行，原信息产业部第 30 号令同时废止。

② 参见信息产业部：《互联网 IP 地址备案管理办法》，信息产业部第 34 号令，2005 年 2 月 8 日发布，2005 年 3 月 20 日起实施。

子邮件服务器 IP 地址登记管理制[1]，中国互联网电子邮件服务提供者必须在电信管理机构登记其电子邮件服务器 IP 地址。2009 年，工业和信息化部（2008 年新设，简称“工信部”，原为信息产业部）进一步规范公用通信网络的安全防护管理，要求电信业务经营者和互联网域名服务商管理和公用的通信网，互联网和网络安全防护均需接受电信管理部门监管。很明显，在这一时期身份认证的重心是法人，也就是互联网信息服务的提供者。对法人的身份认证要求，明显高于自然人。

在中国互联网治理的第二个十年中，另一个和王小云一样，在横空出世前从未踏足国外、却挣脱现实引力放眼世界的中国人，同样凭借一己之力，将中国科幻文学拉上世界领先水平，发表了引发包括新技术精英在内的社会各界热议的《三体》三部曲[2]。这个人，就是中国山西娘子关火力发电厂工程师——刘慈欣。在三部曲的第二部《黑暗森林》中，面对将在四百年后入侵地球的三体人，在地球太空舰队遭遇三体人一颗小水滴的降维毁灭之后，地球人放弃了隐私，每个人都在胳膊上植入了一枚“信息点”，信息点取代了货币。但在现今世界，中国仍然没有驱散信息环境的“匿名乌托邦”迷雾。

① 参见信息产业部：《互联网电子邮件服务管理办法》，信息产业部第 38 号令，2005 年 11 月 7 日公布，2006 年 3 月 30 日起实施。

②《三体》三部曲，亦称《地球往事》三部曲，第一部《三体》出版于 2006 年 5 月，第二部《黑暗森林》出版于 2008 年 5 月，第三部《死神永生》出版于 2010 年 11 月。

后台实名，前台自愿

中国互联网治理的第三个十年（2013—2022），来到了“移动互联网时代”。

移动互联网的兴起，终结了“四大门户时代”，匿名乌托邦的迷雾也随之消散。移动互联网兴起于第二个十年的末尾。2009 年 1 月 7 日，工信部为中国移动、中国电信和中国联通三大通信商发放了第三代移动通信（3G）牌照，中国移动通信进入 3G 时代，移动互联网潮起中华大地。

随着智能触屏技术的出现，丰富的手机应用软件，加上中国强大的手机制造能力所催生的廉价实用智能手机，珠三角胜过了长三角，安卓胜过了苹果，中国在 2012 年正式进入移动互联网时代，中国人内部的信息鸿沟逐渐抹平。中国移动互联网的用户数量持续增加，2012 年为 7.6 亿，2021 年 10.32 亿、全国联网人口比重为 73%，2022 年每月活跃用户已达 13.6 亿。

移动互联网成了中国互联网的淘沙大浪。2009 年 6 月，B 站成立。2009 年 8 月，新浪推出微博软件，当年年底用户仅 1000 万，2010 年达到 7000 万，2011 年 2.8 亿，2012 年 5 亿，从此停在这个数字上。“四大门户”终究没有赶上 3G 时代的移动互联网快车。

唯一的例外是腾讯。2011 年 1 月，腾讯推出微信软件。2012 年 3 月用户突破 1 亿、9 月达 2 亿，2013 年月达 3 亿、10 月达 6 亿，2018 年 2 月 10 亿，2022 年 8 月全球用户达 12.6 亿。当然，还有 2011 年 3 月的快手，2011 年 5 月的美团，2012 年 3 月的字节跳动。这些动辄拥有几亿级用户的信息服务巨头，以 BAT（百度、阿里、腾讯的首字母缩写）为代表，变成了移动互联网时代的弄潮者，“四大门户”这一说法退出历史舞台。

移动互联网为中国通信商、互联网信息服务商带来数亿级乃至十亿级用户，其中既可能蕴含着巨大的商机，也可能潜藏着无数的危机。信息技术得以在亿级、十亿级人口规模上运用，既高度契合现代中国的社会结构，也让中国人口大国、文明大国有可能因此为人类社会开创新的可能性。任何成就都可能是巨大的，任何缺陷也可能是致命的。中国政府因此加快了身份认证嵌入中国互联网治理的进程。2013 年 9 月，中国互联网身份认证的重心从法人转向自然人，工信部开始推行电话用户真实身份信息登记制。[①] 这一电话实名制，避开了网络实名制的社会争议，适应了移动互联网崛起的时代需求，为自 2014 年 8 月起即时通信工具服务提供者必须执行的“后台实名、前台自愿”原则奠定了基础。

2014 年 5 月 9 日，中央网信办把身份认证作为党政

---

① 参见工业和信息化部：《电话用户真实身份信息登记规定》，工业和信息化部第 25 号令，2013 年 7 月 16 日公布，2013 年 9 月 1 日起施行。

机关网站安全管理的重要内容。[①]2014 年 8 月，国家互联网信息办公室确立了“后台实名、前台自愿”原则[②]：即时通信工具服务提供者按照“后台实名、前台自愿”原则，用户须先通过真实身份信息认证，才能注册账号。同时，用户注册账号时，应与即时通信工具服务提供者签订协议，承诺遵守法律法规、社会主义制度、国家利益、公民合法权益、公共秩序、社会道德风尚和信息真实性等“七条底线”。所谓后台实名，往往落实为电话实名。正是从 2014 年 8 月开始，中国互联网治理权的行使主体，逐渐转向国家互联网信息办公室和中央网信办。也正是在这一年的 8 月 26 日，国家互联网信息办公室获得国务院授权，负责全国互联网信息内容管理和监督管理执法。“后台实名、前台自愿”，这一中国信息环境下的独特身份认证原则，嵌入到了内容层。

2015 年 4 月，中共中央办公厅、国务院办公厅联合将身份认证作为信息网络防控体系建设的重要环节，纳入了社会治安防控体系。[③]通过身份认证的互联网治理，发展到了通过身份认证的社会治理。

经过了二十年的历史行程，中国互联网走到了美国互

---

① 参见中央网络安全和信息化领导小组办公室：《关于加强党政机关网站安全管理的通知》，中网办发文 [2014]1 号。

② 参见国家互联网信息办公室：《即时通信工具公众信息服务发展管理暂行规定》，2014 年 8 月 7 日发布实施。

③ 参见中共中央办公厅、国务院办公厅：《关于加强社会治安防控体系建设的意见》，2015 年 4 月印发。

联网二十年前的起点。美国在其军事网、政务网和学术网时代，就已经将公民身份的现实世界实名制，转化为信息环境的数字身份技术实名制，通过网民的真实身份与其每台信息设备独一无二的互联网数字标识符或地址的交叉比对，驱散了匿名乌托邦的迷雾。无论是公共服务，还是商业服务，都以实名制为基础，以准确乃至实时识别用户身份、标识符、地址为前提，个人的信用也以真实准确可靠的身份认证为基石。

1999 年，斯坦福大学互联网与社会研究中心创始人、哈佛大学法学院罗伊·弗曼法学与领导学讲席教授劳伦斯·莱西格（Lawrence Lessig），在其堪称互联网研究奠基之作的《代码》一书中指出，有了数字身份技术，互联网的基础架构将更容易控制和规制。2006 年，莱西格又在其《代码 2.0》一书中重申了这一判断。[①] 诚哉斯言。人们惯常所见的，往往是数据迷雾所创造的匿名幻象，或是信息爆炸所缔造的技术乌托邦或网络空间的“去中心化”。人们常常忽略信息技术其实是一把双刃剑，可以同时强化“去中心化”与“再中心化”、“去规制化”与“再规制化”、“去治理化”与“再治理化”。互联网从不可治

---

① Lawrence Lessig, *Code: And Other Laws of Cyberspace, Version 2.0*, New York: Basic Books, 2006, Preface to the Second Edition.

理向可治理的转变[1]，正是借助信息技术革命所催生的数字身份认证机制，将现实世界的身份认证嵌入信息环境。

而中国的互联网治理，是在中国信息环境下一系列新技术、新问题、新挑战的推动下，一步一步往前走的。中国的军事网、政务网，和美国一样，都以安全为要。中国的学术网、商业网等社会公用网，则以发展为先，中国政府是在发展中治理。来自家长、教师、用户等社会群体的自我保护诉求，推动中国政府将身份认证嵌入信息环境的不同层级，将社会安全作为互联网治理的价值目标。

| 结语 |

穿越匿名乌托邦迷雾

中国互联网治理的三十年告诉我们，身份认证不仅是现实世界中的也是信息环境下的最基础的公共物品。身份认证，主要是指对标识网络用户生物特征和社会特征的识

---

① 在美国，1968 至 1998 年，人们更重视互联网的“不可治理性”。从 1999 年起，人们更侧重互联网的“可治理性”。参见 Theodore J. Lowi, “The Political Impact of Information Technology”, in Tom Forester ed., *The Microelectronics Revolution: The Complete Guide to the New Technology and Its Impact on Society*, Cambridge: The MIT Press, 1981, pp.453—472。

别和证明。在现实世界中，公民的真实身份，由政府颁发的各类证照卡号确证。在信息环境下，用户的姓名、住址、出生日期、身份号码、电话号码、账号、接入网络的终端编码，以及使用互联网服务的时间地点等个人信息，均可单独或与其他信息结合，来识别用户的真实公民身份。

认证（Identification）本身，既可以是身份证明，可以是能力、资格和价值证明，也可以代表真实性证明，还可以指代个体对他人、对政治或文化共同体、对社会制度和政治体制的认同。因此，认证具有很强的政治性。由于公民身份实乃国家权威的政治基石，身份认证直接关乎公民的身份、资质、权利、自由和隐私，直接影响公共权威和政治正当性，直接涉及公民的政治认同，只有国家才能作为身份认证的权力主体是国家，只有有权代表国家的政府才能作为授权主体。身份认证权事关重大，无论由个人、市场组织或社会组织掌握和行使，都极易引发纠纷，只有归于国家，才能避免整个社会陷入混乱失序。因此，作为一项国家权力，作为一项公共服务，身份认证实属极为明显而必要的国家认证，堪称最基础的公共物品。

正是由于其“基础的基础”作用，身份认证才从现实世界来到信息环境，通过认证的互联网治理才与通过认证的国家治理走向融合，这一趋势从物理层走向传输层，又从应用层、搜索层扩展至内容层、代码层。不仅如此，行为识别在信息环境下也越来越变成一种常态，成为新经济商业模式的根基，也因此被纳入互联网治理范畴。

“他们”知道我们的一切，我们却常常不知道“他们”了解我们什么，不知道“他们”为什么要了解我们，不知道“他们”和谁分享他们所知晓的。这对我们的身份认同、生活机会、人权和隐私有何影响？对于政治权力、社会控制、自由与民主又有何意义？

——加拿大社会学者、监控研究专家

大卫·里昂（David Lyon）

行为识别是信息经济的黄金。

——无名氏

五

行为识别

红灯停，绿灯行

2019 年末，新冠疫情暴发，世界各国进入了一个高度不确定的时代。在中国，大约有两年时间，健康码变成了交通灯。“红灯停、绿灯行、黄灯等”，变成了“红码停、绿码行、黄码等”。

健康码为不确定时代注入了确定性。2022 年 6 月 12 日，北京某区疫情防控人员再次仔细查看病例 A 的 3 个手机号，在 5000 多条信息中，发现病例 A 某日所经路线正好在其他病例附近。公安部门接到线索后，调取病例活动路线监控，发现 6 月 8 日病例 A 经过某宾馆门前时，没戴口罩，并揉了眼睛，就在 1 分 20 秒前，确诊病例 B 也正好路过此处，并且没有戴口罩。病例 A 感染来源的迷雾，就这样拨开了。

但是，健康码也可能不仅仅被用作交通灯。自 2022 年 6 月 13 日起，河南禹州、上蔡、柘城、开封等地几家村镇银行的 1317 位储户的健康码先后被赋红码。此事在社交平台公开后，迅速引发全国舆论关注。2022 年 6 月 17 日，河南省郑州市纪委监委针对健康码违规赋码转码现象启动问责调查。6 月 22 日，郑州市公布了调查和处理结果，违规赋码转码一事，疫情防控指挥部指导部部长和副部长为擅自决定者，具体执行者为：市委政法委维稳指导处处长，市大数据局科员兼市疫情防控指挥部社会管控指导部健康码管理组组长，以及郑州大数据发展有限公司副总经理。在1317名被赋红码储户中，446人为进入郑州公共场所扫码被赋红码，871人为未在郑州但因扫过他人发送的郑州场所码被赋红码。

健康码甚至还被当成了就业筛选工具。2022年7月21日，为了解决上海新冠感染者康复后所遭遇的求职歧视问题，上海市人大常委会审议通过地方性法规，明确禁止用人单位以曾患传染性疾病为由拒绝录用新人，“随申办”可查询的核酸检测记录也从3个月调整为半个月。

在大规模流行病所导致全球公共卫生危机面前，健康码成为在不确定情境下既提供必要的流动性，又防范病毒大规模传播的认证机制。但是，这种建立在行为识别基础上的健康认证，只适用于明显而必要的疫情防控。超出疫情防控需要，就超出了明显而必要的限度，进而造成对人们流动自由的不当限制，引发无法预料又有失公平合理的副产品。一旦健康码被用于就业筛选，就更是背离了其维护个体生命健康和群体社会安全的初衷。因此，“专码专用”是原则而非例外，不能让歪嘴和尚把经念歪了。

不过，我们也不能因为健康码有可能被滥用就彻底否定它。相反，健康认证权的适度集中、合理使用而非各自为战、重叠加码才是流动自由的保障。如果疫情警报仍未解除，就放弃这一健康认证机制，之前的公共卫生和健康安全努力也就付之东流。

健康码的用途与滥用情形表明，行为识别的作用不容小觑：不仅为政府部门在公共卫生危机情境下处理大瘟大疫所必需，而且也是新经济主体建立商业盈利模式之根基。疫情终将消散，健康码也终将成为过去。但是，新经济主体的行为识别却是信息社会的日常。新经济主体的行为识别，说的是互联网信息服务运营者、提供者对用户的网页浏览、网络游戏、网络视听、网络买卖、信息沟通、上传下载、影像传播等所有网上行为的收集、累积、分析和识别。这些行为通常发生在互联网的代码层和内容层，频率非常高，规模非常大，影响非常大，因此也被纳入互联网治理范畴。

谁经营，谁负责

2007 年 12 月 26 日，快播公司成立。快播公司基于 P2P 技术，设立快播资源服务器程序和快播播放器程序，为用户提供网络视频服务。快播公司设置中心调度服务器，在站长与用户、用户与用户之间搭建视频文件传输平台，还设置缓存调度服务器平台，以及分布在全国各地不同运营商处缓存服务器 1000 余台，按照视频文件的点播次数标准，自动抓取、存储、加速淫秽视频的下载传播。2016 年 9 月 13 日，法院依照“谁经营，谁负责”认定，快播公司作为快播网络系统的建立者、管理者和经营者，没有尽到其应尽的我国互联网法律所确立的网络安全管理义务，不适用技术中立的责任豁免原则，也不适用中立协助原则。快播公司成立于前移动互联网时代，在移动互联网时代，多次因未落实网络安全管理制度、传播淫秽物品牟利等问题被行政处罚，直至公安部门正式立案，检察部门起诉，司法部门定罪判决，因触犯传播淫秽物品牟利罪，快播公司被罚款，四名主管被罚款、判刑，快播公司最终以破产作结。“谁经营，谁负责”原则，从现实世界走进了信息环境，成为信息服务提供者在行为识别上未尽网络安全职责的处理依据。

人们常说把权力关进笼子。那么，既要把公共权力关进笼子，也要把技术权力关进笼子。行为识别就这样嵌入了中国互联网治理的内容层。

就美国互联网治理而言①，互联网在美国的民用化、商用化，也是美国政府拆分电信业务之后，把信息网络从电信网络中独立出来的产物。继而，信息网络的范畴大大扩张，反过来囊括了传统电信。美国借助信息技术革新突破了以欧洲国家为主体的国际电信联盟垄断，也凭借信息技术优势把控着国际互联网的主导权。

在中国互联网治理中，互联网的扩张解释也是重中之重。这发生在中国互联网治理的第二个十年。2004 年，

---

① [美]弥尔顿·L. 穆勒：《网络与国家：互联网治理的全球政治学》，周程等译，上海交通大学出版社，2015，第 65—67 页。

国家广播电影电视总局在对开办、播放、集成、传输、下载视听节目等网络传播行为的界定中，对互联信息网络做出了迄今为止最为宽泛的扩张解释。[①]互联信息网络，是指以互联网协议作为主要技术形态，以计算机、电视机、手机等电子设备为接收终端，包括移动通信网、固定通信网、微波通信网、有线电视网、卫星，或其他城域网、广域网、局域网等互联信息网络。可以看出，这里的互联信息网络无所不包，囊括了人类社会现有的各种互联网网络技术，反映了中国互联网治理至大无外的整体构想。

在这个广义信息环境中，中国互联网治理的主要原则就是“谁经营，谁负责”，这是对信息服务单位和经营者的要求；“同意、正当和安全”三项原则，这是一般意义上对互联网信息服务提供者的要求。

2005 年，国务院新闻办公室和信息产业部，针对互联网新闻信息服务单位登载、发送的新闻信息或提供的时政类电子公告服务，设定了与 2001 年信息产业部电子公告服务审批管理制大致相同的行为识别要求。[②]同年，信息产业部专门针对移动通信网络不良信息传播治理发布部门规章，确立了针对违法信息内容发布的行为识别原则：

---

① 参见国家广播电影电视总局：《互联网等信息网络传播视听节目管理办法》，国家广播电影电视总局第 39 号令，2004 年 7 月 6 日发布，自 2004 年 10 月 11 日起施行。

② 参见国务院新闻办公室、信息产业部：《互联网新闻信息服务管理规定》，国务院新闻办公室、信息产业部第 37 号令，2005 年 9 月 25 日发布实施。该规定现已失效，新规定参见：国家互联网信息办公室：《互联网新闻信息服务管理规定》，国家互联网信息办公室，2017 年 5 月 2 日公布，2017 年 6 月 1 日起实施。

“谁经营、谁负责”，要求经营者从技术上强化行为识别，加强对移动通信网络所接入和传输的文字、声音、图像和视频等信息的日常动态监测和实时监测。基于行为识别的“谁经营，谁负责”原则，成为在社会安全意义上确保法律与秩序的普遍原则。

除了出于社会安全理由要求企业进行违法信息内容发布者的行为识别以外，互联网信息服务的一般行为识别规则也逐渐清晰。2011 年，工信部确立了针对一般互联网信息服务的行为识别三大基本原则：同意原则、正当原则、安全原则。①

同意原则，是指未经用户同意，互联网信息服务提供者不得收集与用户相关、能够单独或与其他信息结合识别用户的信息，不得将用户个人信息提供给他人，除非法律法规另有规定。正当原则，是指即使用户同意收集个人信息，也应当明确告知用户收集和处理用户个人信息的方式、内容和用途，不得收集其提供服务所必需以外的信息，不得将用户个人信息用于其提供服务之外的目的。安全原则，是指互联网信息服务提供者须加强系统安全防护，依法维护用户上载信息的安全，保障用户对上载信息的使用、修改和删除。互联网信息服务提供者不得无正当理由擅自修改或者删除用户上载信息；不得未经用户同意，向他人提供用户上载信息，除非法律法规另有规定；

---

① 参见工业和信息化部：《规范互联网信息服务市场秩序若干规定》，工业和信息化部第 20 号令，2011 年 12 月 29 日公布，自 2012 年 3 月 15 日起施行。

不得擅自或者假借用户名义转移用户上载信息，或者欺骗、误导、强迫用户转移其上载信息；不得有其他危害用户上载信息安全的行为。

“同意、正当、安全”三大原则是边发展边治理的产物，三大原则的清晰化则意味着中国信息化的重心从发展转向治理，它们和“谁经营，谁负责”这一现实世界的通行原则一道，共同构成中国互联网治理原则的四项基本原则。这四项基本原则，加上严格保密、合法必要、匿名使用三原则，成为中国网络安全法的七大原则。[①] 对行为识别的约束，在中国的互联网法律体系中从部门规章上升为国家法律。

自主可控，安全可靠

中国互联网法律对信息服务提供者行为识别能力的约束，不仅仅是针对以商用网为代表的社会公用网。2003年，中国政府与美国微软公司签订了政府源代码备案计划协议，[②] 微软公司必须向中国政府提供操作系统的源代码。

---

① 参见 2016《中华人民共和国网络安全法》第 40—42 条。

② 微软表述为“第一期政府安全计划源代码协议”，参见 http://www.itsec.gov.cn/zxxw/200302/t20030228_15182.html。

在中国互联网治理第二个十年的开端，行为识别嵌入了政务网的代码层。

中国政务网的物理层有几个不同的称呼：第一个十年被称为重点计算机信息系统，第二个十年被称为重要信息系统，第三个十年被称为关键信息基础设施。2009 年，工信部在互联网网络安全信息通报实施办法中，将中国的重要信息系统界定为：政府部门、军队、银行、海关、电力、税务、铁路、证券、保险、民航等关系国计民生行业使用的信息系统。[①]2016 年，网络安全法扩展了中国关键信息基础设施的定义，使之囊括了公共通信和信息服务、能源、交通、水利、金融、公共服务、电子政务等重要行业和领域，以及其他一旦遭到破坏、丧失功能或数据泄露，有可能严重危害国家安全、国计民生和公共利益的信息基础设施。2021 年 6 月 10 日，全国人大常委会通过数据安全法，根据数据在经济社会发展中的重要程度，以及一旦遭到篡改、破坏、泄露或者非法获取、非法利用，对国家安全、公共利益或者个人、组织合法权益造成的危害程度，对数据实行分类分级保护制。关系国家安全、国民经济命脉、重要民生、重大公共利益等数据属于国家核心数据，实行更加严格的管理制度。[②]

“网信”这个说法，也反映了网络安全与信息化同样

① 参见工业和信息化部：《互联网网络安全信息通报实施办法》，工信部保 [2009]156 号，2009 年 4 月 13 日发布，2009 年 6 月 1 日起施行。

② 参见 2021《中华人民共和国数据安全法》。

重要，甚至更为重要。2022 年 6 月 2 日，美国商务部工业安全局发布新的网络安全规则，将世界各国分为 ABED 四类，D 类意为“受关注、受限制的国家”，中国被归入 D 类。照此新规，美国公司在与 D 类国家或地区的政府相关部门、个人合作时，如果发现安全漏洞，不能直接公布，必须先经美国商务部审核批准，才能公布。在大国竞争时代，美国政府的这一做法，从外部、从反面强化了中国以网络安全引领信息化发展和互联网治理。

随着中国关键信息基础设施的安全防护意识越来越清晰，中国政府对信息服务提供者在代码层的行为识别能力越来越警惕。核心技术、关键知识、技术能力乃至整个信息环境的“自主可控、安全可靠”，因此成为中国互联网治理第三个十年的主题。

2014 年，中国银行业监督管理委员会提出了加强银行业网络安全和信息化建设的总体目标，逐步提高银行业安全可控信息技术的使用率，2019 年总体不低于 75%[①]，银行业金融机构要掌握重要信息系统的设计原理、设计架构、源代码等核心知识和关键技术，拥有该系统完备可用的资料，具有自行开展系统维护的能力，信息服务提供者因此要向银监会备案源代码。2015 年，国际商业机器公司（IBM）接受中国政府要求，由工信部审查其产品的源

① 参见中国银行业监督管理委员会：《关于应用安全可控信息技术加强银行业网络安全和信息化建设的指导意见（2014）》银监办发〔2014〕39 号，以及，中国银行业监督管理委员会：《银行业应用安全可控信息技术推进指南（2014—2015 年度）》银监办发〔2014〕317 号。

代码。

互联网信息服务提供者在代码层的行为识别，必须接受中国的源代码安全审查。在中国，关键信息基础设施仍然由美国的“八大金刚”——思科（cisco）、国际商业机器公司（IBM）、谷歌（Google）、高通（Qualcomm）、英特尔（Intel）、苹果（Apple）、甲骨文（Oracle）、微软（Microsoft）——主导的被动局面下，这一行为识别约束原则，虽是无奈之举，但也切中了要害。

我们说过，随着信息技术革命的兴起，互联网既是人为的，也是灵性的，技术与人的关系有可能因此产生巨变，信息环境有可能变成信息灵境。但是，在走向这个远景的道路上，互联网的第三个二重性，即便利性和压制性，正在显现出来。过去，人是技术的绝对支配者，技术服务于人设定的目标。现在，互联网信息技术对人的行为识别，也可能颠覆人与技术之间的主奴关系。技术或为刀俎，人或为鱼肉，在信息资本主义和金融资本主义双重力量加持下，互联网的便利性和压制性在人类社会历史上从未如此真切地展现。因此，作为信息服务的用户，无论是政府，还是个人，都需要深思信息政治、技术治理的合理性，合力最大限度地缩减其压制性，最大限度地发挥其便利性，使之服务于人们对美好生活、美好社会的共同追求。这是因为，技术不是人的主宰，相反，人才是自身的主宰，人才是技术的主人。技术是为人服务的，技术应用的价值目标应该是、也必须是：为人本身服务，改善生存质量、提供生活便利、促进生命健康、保障社会安全、维护公共安全。

就此而言，我们可以把发展、治理、安全视为中国互联网三十年的三个主题。三个主题并非前后相继依序演进的关系，而是同时并存于三个十年之中，但每个十年又各有侧重。

第一个十年，为追赶信息化的世界趋势，以发展为先，边发展边治理，在发展中治理，安全并非不重要，但信息化优先于安全。

第二个十年，在第一个十年搭建的全国信息基础设施之网中，中国信息化列车驶入高速轨道，并在这十年的末尾进入移动互联网时代，新经济主体动辄拥有亿级乃至十亿级用户，经过信息技术的传播和放大，各类社会问题亟待及时处理，各种社会诉求也需要及时回应，因此，第二个十年以治理为要，边治理边发展，在治理中发展，包括政府和个人在内的信息用户的社会安全问题逐渐变成互联网治理的主轴。

第三个十年，新经济主体借助现实世界对信息技术的需求，进入国家政治空间，开始在经济、税收、金融、信用等维度上发起对现实世界的挑战；美国对世界各国的超级信息监控工程也随着斯诺登事件的暴发而得以全面揭示。美国政府以国家安全为由，通过种种极限施压、贸易保护、技术脱钩措施，环环相扣，步步紧逼，企图在芯片等核心技术上扼制中国以信息化带动现代化的快速发展势头，竭力维护其包括信息技术在内的高新技术霸权。因此，第三个十年以安全为要，安全统领治理，安全引领发展。为了安全，为了个体安全、社会安全、公共安全和政治安全，必须建立针对新经济主体的行为识别能力的政治、法律和政策底线。

用户主权，上帝新衣

2022年6月23日，为了规范国家数据安全，防范国家数据安全风险，维护国家安全，保障国家利益，中国网络安全审查办公室依据《国家安全法》《网络安全法》《数据安全法》，按照《网络安全审查办法》，约谈了同方知网北京技术有限公司负责人，对知网启动网络安全调查。这是因为，知网掌握着大量个人信息和涉及国防工业、电信、交通运输、自然资源、卫生健康、金融等重点行业领域的重要数据，以及我国重大项目、重要科技成果及关键技术动态等重要信息。

在2021年6月10日中国数据安全法公布当天（该法自2021年9月1日起实施），滴滴公司向美国证券交易委员会招股书，申请在美国纳斯达克或纽约证券交易所上市；6月29日滴滴公司在美国首次公开发行IPO筹资 40 亿美元；6 月 30 日滴滴股票在纽约证券交易所开始交易；7 月 2 日，国家网信办依据《国家安全法》、《网络安全法》，按照《网络安全审查办法》，对“滴滴出行”实施网络安全审查，为防范风险扩大，审查期间“滴滴出行”停止新用户注册；7 月 4 日，国家网信办通报，“滴滴出行”App 严重违法违规收集个人信息，决定予以下架整改；7 月 10 日，《网络安全审查办法修订征求意见稿》，新增了下述内容：掌握超过 100 万用户个人信息的网络平台运营者赴国外上市，必须向网络安全审查办公室申报网络安全审查。7 月 16 日，国家网信办会同公安部、国家安全部、自然资源部、交通运输部、税务总局、市场监管总局等部门联合进驻滴滴公司，开展网络安全审查。2021 年 12 月 28 日，国家互联网信息办公室会同 12 个部委局联合公布《网络安全审查办法》。[①]2022 年 7 月 21 日，国家互联网信息办公室宣布完成对滴滴公司的网络安全审查，经“七部会审”查实，滴滴公司共存在 8 个方面、16 项违法事实：

（1）违法收集用户手机相册中的截图信息 1196.39 万条；

（2）过度收集用户剪切板信息、应用列表信息 83.23 亿条；

① 这 12 个部门为：国家发展和改革委员会、工业和信息化部、公安部、国家安全部、财政部、商务部、中国人民银行、国家市场监督管理总局、国家广播电视总局、中国证券监督管理委员会、国家保密局、国家密码管理局。

（3）过度收集乘客人脸识别信息 1.07 亿条，年龄段信息 5350.92 万条，职业信息 1633.56 万条，亲情关系信息 138.29 万条，家和公司打车具体信息 1.53 亿条；

（4）过度收集乘客评价代驾服务时、App 后台运作运行时、手机连接居室设备时精准位置（经纬度信息）1.67 亿条；

（5）过度收集司机学历信息 14.29 万条，以明文形式存储司机身份证号信息 5780.26 万条；

（6）在未明确告知乘客情况下分析乘客出行意图信息 539.76 亿条，常住城市信息 15.38 亿条，异地商务和异地旅游信息 3.04 亿条；

（7）在乘客使用顺风车服务时频繁索取无关的电话权限；

（8）未准确清晰说明用户涉密信息等 19 项个人信息处理目的。

此外，网络安全审查还发现，滴滴公司存在严重影响国家安全数据处理活动，拒不执行监管部门的明确要求，阳奉阴违，恶意逃避监管等其他违法违规问题。滴滴公司违法违规运营，给国家关键信息基础设施安全和数据安全带来严重的安全风险隐患。

对知网的网络安全审查结果尚未公布。对滴滴的网络安全审查结果表明，在滴滴的八个方面十六项违法事实中，第五方面涉及身份信息，第一、二、四、六、七和八方面涉及行为信息，第三方面既涉及身份又涉及行为。在滴滴定义的隐私政策中，用户一旦开始使用滴滴平台，就意味着同意滴滴收集、保存、使用、共享下述个人信息：姓名、手机号码、用户密码、身份证号码、身份证或其他身份证明、照片、面部识别特征、性别、年龄、职业信息、征信信息、车辆信息、驾驶证、行驶证、车辆监督卡、常用地址、通讯地址、紧急联系人、位置信息、行程信息、通话记录、录音录像、订单信息及交易状态、支付信息、提现记录、银行卡号、评价信息、日志信息、设备信息、IP 地址、手机充值记录、积分商城兑换记录。这充分表明，滴滴的商业模式正是建立在对用户的行为识别上。这也说明，在中国互联网治理的第三个十年中，中国意识到了新经济主体的行为识别能力的巨大风险隐患。

传统经济主体把消费者当作上帝，在“消费者主权”之上构筑商业盈利模式。新经济主体借用了这个说法，把用户称为上帝，在“用户主权”之上建构商业盈利模式。在传统经济中，消费者只是消费者，所谓“消费者主权”就是消费者通过市场消费表达需求、偏好，生产者据此安排生产，谋取利润。但是，在新经济中，信息用户既是消费者也是生产者，当真担得起“用户上帝”这个称号，然而，在新经济的利润分配方案中，并没有“用户上帝”的位置，有些甚至也没有员工的位置。同时，信息用户的规模前所未有的大，超过以往任何传统经济的消费者规模，用户的网上行为创造了超级信息体，新经济主体正是通过对用户的行为识别，从这个超级信息体中采掘数据这新经济的黄金。如果员工和用户都只是大厂利润的工具人，“用户主权”也就成了“上帝新衣”。

值得注意的是，新经济主体可以通过对用户网上行为的反复交叉比对，识别出人们的真实身份。进而，在信息环境下，现实世界的每个人在新经济主体的强大行为识别能力面前，都变成了清晰透明的数字人。用户不再是上帝，反倒成了没穿衣服的“皇帝”，新经济主体极力想把自己变成那个全知全能的上帝，“用户至上”变成了一种修辞，“用户主权”成了“新经济上帝的新衣”。

过去，只有有单位的人才有书面档案，如今，信息环境下的每个人都有数字档案，而且是全方位的。人们在网上走的每一步，就像一个懵懂的孩子走在沙滩上，都会留下痕迹。互联网是有记忆的，人在信息环境中没有秘密，所有人都成了《皇帝的新衣》中那个没穿衣服的“皇帝”。在现实世界的金融系统中，国家才是信用的背书者；在信息环境下，一旦新经济变成了个人信用的背书者，因此成了政治生活中的“主权者”，成了宰制个人生活的立法者，国家与个人都将陷入高度不确定的信息风险之中。

很显然，人们对于这种技术权力需要保持足够的警惕，进而推动政府通过法律予以干预、限制、约束和规管。这是因为，这种技术权力往往是人们在日常生活中最常遭遇的伤害之源，无论是信息技术的生产者还是消费者，无论信息用户是政府还是个人，莫不如是。

|结语|

两条主线，双重机制

我们这两章的分析表明，在中国，互联网的可治理性，正是在“通过互联网的治理”和“针对互联网的治理”的相互启发之下，逐步深入到互联网的各个层级，现实世界慢慢驱散了信息环境的匿名乌托邦迷雾，将身份认证与行为识别作为建立中国互联网可治理性的两条主线。这两条主线并非完全重叠，而是有先有后，身份认证在先，行为识别在后。

身份认证自第一个十年起，就从现实世界走入信息环境，并且始终是国家政府行使的公共权力，而行为识别作为一个问题的出现，则相对滞后了十年，主要是从第二个十年开始并急剧扩大的，并且是新经济主体的私人权力。当其愈加表现出挑战国家政府的公共权威的意愿和能力时，公共权力开始对这一私人权力进行约束和限制，中国互联网由此进入以安全为主体的第三个十年。

总体而言，这是一个被问题推着走的渐进过程，而身份认证和行为识别对中国互联网的物理层、传输层、代码层的渐次嵌入，共同构成中国互联信息网络空间的双重机制。

自由接收，审慎发送。

——乔恩 · 波斯特尔（Jon Postle）

代码即法律。

——劳伦斯 · 莱西格（Lawrence Lessig）

六

双重机制

不作恶与做好人

2021年7月，我和友人在浙江杭州访问了一家高新技术企业。通过遍布大街小巷的闭路电视监控系统，这家企业不仅着眼于为这座城市构建公共安全体系，而且希望展开一幅智能城市治理蓝图。这张蓝图覆盖道路交通、公共场所、公用事业、楼宇建筑、施工现场、地下管廊等支撑城市运行的方方面面，用信息技术实时监测、预判风险、识别危险、查缺补漏，提升城市的智能治理水平。

我们知道，法律没有能力让人做好人，因为法律往往只是道德的底线。在这家企业看来，技术本身是中立的，但如果在城市治理中使用得当，至少可以减少犯罪，让人在公共场所不敢作恶，从而自我规训，抑制人性中的阴暗面，发扬人性中的光明面，从被动不作恶转向积极做好人。

当然，尽管看上去“法力无边”，“智慧城市系统”也没法消灭犯罪，但的确会促使犯罪类型发生转变。过去发生于现实世界公共场合的盗窃抢劫小偷小摸越来越少，网络诈骗杀猪盘等信息环境下的新型犯罪大行其“道”，犯罪也信息化了，这又反过来促使公共安全部门提高信息能力。这种智慧化治理，不是中国城市的特例，而是信息化时代世界各国城市治理的普遍经验。比如，英国伦敦警察局就有专门的城市分区犯罪率地图，供人们随时检索查看避雷。美国联邦调查局的全国犯罪信息系统，主要功能也是找人、找车和雇主对雇员的就业筛选。城市化水平越高的地方，闭路电视监控系统在城市治理上的应用就越多，也是世界通例。

“智能城市治理”的构想和做法，体现了信息技术的社会性和公共性。在公共场所，信息服务提供者通过信息技术识别异常行为，交由公共安全部门进行身份认证并在必要时予以规管。这种出于公共安全理由的行为识别和身份认证，在现实世界构筑了一种双重认证机制。这种双重认证机制不仅可见于现实世界，而且可见于信息环境下的互联网治理。在中国互联网治理的三十年中，双重认证机制在物理层、传输层与内容层是逐步成形、渐次推进的。

至大无外，至小无内

安全是双重认证的首要目标，这贯穿了中国互联网治理的第一个三十年。早在 1997 年，公安部就将身份认证和行为识别并列为计算机信息网络国际联网的两大安全保护技术："计算机信息网络需要保存 3 个月以上的系统网络运行日志和用户使用日志，包括 IP 地址分配使用情况、交互式信息发布者、主页维护者、邮箱使用者和拨号用户上网的起止时间及其对应的 IP 地址。”[①] 双重认证机制的初始形态，首次出现在部门规章之中，也是首次出现在中国互联网的物理层。

2000 年，双重认证机制进入了中国互联网的内容层。先是国务院针对互联网信息服务提供者，确立了双重认证原则，并在 2012 年修订版中予以强化。[②] 同年，电信条例正式通过，这部中国互联网治理的基本法，既规制物理层也规制内容层，既规制传统的固定电话、移动网络电话、卫星通信、互联网以及带宽、波长、光纤、光缆、管道等网络的物理层，也规制利用这些公共网络物理层提供电信和信息服务的内容层。[③] “电信”无所不包，覆盖利

---

① 详见公安部《中华人民共和国公安部关于执行〈计算机信息网络国际联网安全保护管理办法〉中有关问题的通知（2000）》，公信安〔2000〕21 号。

② 2012 年修订草案征求意见稿指出，在申请互联网信息服务增值电信业务经营许可或者履行备案手续时，应当向电信主管部门提供以下材料：主办者等相关人员的真实身份证明文件、地址、联系方式等基本情况；拟使用的网站名称、互联网地址、服务器所在地、接入服务提供者等有关情况；拟提供的服务项目及相关主管部门的许可文件；公安机关出具的安全检查意见。提供由互联网用户向公众发布信息服务的互联网信息服务提供者，应当要求用户用真实身份信息注册。互联网接入服务提供者应当记录其所接入的互联网信息服务提供者的真实身份信息、网站名称、互联网地址等信息。互联网信息服务提供者应当记录所发布的信息和服务对象所发布的信息，并保存 6 个月。互联网信息服务提供者、互联网接入服务提供者应当记录日志信息，保存 12 个月，并为公安机关、国家安全机关依法查询提供技术支持。该修订草案征求意见稿还对用户用真实身份信息注册作出规定。2011 年 12 月以来，北京、上海、天津、广州、深圳等 5 城市试点推行微博客用户用真实身份信息注册，在总结试点经验的基础上，征求意见稿第十五条规定，“提供由互联网用户向公众发布信息服务的互联网信息服务提供者，应当要求用户用真实身份信息注册”，明确使用论坛、博客、微博客等互动服务的用户用真实身份信息注册的要求。

③ 具体包括：电子邮件；语音信箱；在线信息库存储和检索；电子数据交换；在线数据处理与交易处理；增值传真；互联网接入服务；互联网信息服务；可视电话会议服务。

用基于无线电频谱、卫星轨道位置、电信网码号等有线和无线电视系统或广电系统等稀缺资源，包括收发语音、文字、图像等一切信息活动，因此，这部基本法赋予信息产业部以巨大的互联网治理权。

也是在2000年，在既有治理实践基础上，信息产业部将双重认证机制作为互联网电子公告服务管理的基本原则。[①] 2000年，堪称双重认证元年。但是，在双重认证中，身份认证与行为识别并不平衡，行为识别优于身份认证。行为识别包含多个环节，包括发现违法信息、保存信息内容及其发布时间，立即删除违法信息，并向国家机关报告。身份认证只有两类：一是针对法人的，要记录互联网地址和域名；二是针对自然人的，要记录上网时间、用户账号、互联网地址、域名和主叫电话号码，用于识别发布者的身份。此时并未要求用户在发布信息之前的账户注册环节必须使用真实的身份信息。也就是说，在从物理层到传输层的过渡环节，身份认证并不是法定义务。

这一疏漏很快就得到矫正。2001年，信息产业部确立了电子公告服务审批管理制，强化了身份认证与行为识别的双重机制。[②] 前者通过用户登记制度进行，要求提供真实、准确、最新的个人信息，包括姓名、电话、身份证

---

① 参见信息产业部：《互联网电子公告服务管理规定》，信息产业部第3号令，2000年10月8日发布实施，2014年9月23日废止。

② 参见信息产业部：《关于进一步做好互联网信息服务电子公告服务审批管理工作的通知》，2001年3月7日发布。

号码。后者以列举方式说明具体环节，包括栏目明确、版主负责、规则张贴、安全过滤，以及新闻出版、教育、医疗保健药品和医疗器械等特殊专业互联网信息的服务审核制度。随后，教育部在针对高等学校计算机网络电子公告服务管理规定中，也采取了上述机制。

双重认证机制还出现在对网吧、游戏、音乐等特殊的物理层和内容层治理上。

2002 年，文化部牵头会同工商总局、公安部、信息产业部、教育部、广电总局、法制办、中央文明办、共青团中央成立了全国网吧等互联网上网服务营业场所专项整治工作协调小组，在针对互联网上网服务营业场所的管理中，也开始适用双重认证机制。

2003 年 5 月，文化部获得管理进口网络游戏产品的目录规制权。2006 年，文化部又获得进口网络音乐的内容规制权。2007 年，文化部、国家工商行政管理总局、公安部、信息产业部、教育部、财政部、监察部、卫生部、中国人民银行、国务院法制办、新闻出版总署、中央文明办、中央综治办、共青团中央联合禁止网吧接纳未成年人，建立网吧现场检查记录制度、网吧日常检查评定最低标准制度和网吧经营违法案件处理公示制度、违法经营网吧黑名单信息安全管理制度，以及依法暂停互联网接入服务等制度。2010 年，文化部要求网络游戏运营企业建立完善有效的实名制注册系统，包括网络游戏运营用户的真实姓名、有效身份号码、联系方式等信息，并须明确告知用户个人和隐私保护政策。

最终，2012 年 12 月，作为对中国互联网治理第一个和第二个十年的经验教训的总结，全国人大常委会正式决定加强网络信息保护，双重认证机制获得最高权力机关的法律确认。双重认证机制出现在互联网接入服务、内容服务两个环节和物理层、传输层、内容层多个层级，具体表现为：在信息从物理层转向传输层、从传输层转向内容层之际，信息服务提供者必须就用户信息的真实性进行两次身份认证，这样就可以识别内容发布主体；从内容层转向传输层之际，信息服务提供商承担法定责任，必须针对用户的信息发布做行为识别，这样就可以确认发布或传输的合法性。[①] 两个环节的身份认证和多个环节的行为识别，共同构成中国互联网治理的双重认证机制。

2016 年，全国人大常委会将双重认证机制正式写入《网络安全法》，并在此后颁布的 4 部法律、2 部行政法规以及 40 多部部门规章中反复确认，广泛适用于网络安全、网络浏览、直播、微博、新闻信息、论坛社区、跟帖评论、群组信息、公众账号、网络游戏、电子证据、移动

---

① 参见全国人大常委会《关于加强网络信息保护的决定》（2012）第 6 条："网络服务提供者为用户办理网站接入服务，办理固定电话、移动电话等入网手续，或者为用户提供信息发布服务，应当在与用户签订协议或者确认提供服务时，要求用户提供真实身份信息。"第 5 条："网络服务提供者应当加强对其用户发布的信息的管理，发现法律、法规禁止发布或者传输的信息的，应当立即停止传输该信息，采取消除等处置措施，保存有关记录，并向有关主管部门报告。"

互联网应用程序、网约车、区块链等信息服务领域。[1]

及时回应来自家长、学校、大众的自我保护诉求，保障每个人的社会安全，成为中国政府治理互联网的治理理由，并使之呈现出鲜明的责任政府特征。进而，随着双重认证机制的生成、发展、成熟，一张“至大无外、至小无内”的互联网治理蓝图逐渐清晰起来。

对口分工，九龙治水

在过去三十年中，中国互联网治理主要有两种模式：一种是“对口分工、九龙治水”模式，一种是“一马当

① 参见《网络安全法》第 24 条第一款、第二款，《互联网上网服务营业场所管理条例》（2016）第 10、19、23 条，《移动互联网应用程序服务管理规定》（2016）第 7、8 条，《互联网直播服务管理规定》（2016）第 7、11、12、16 条，《最高人民法院、最高人民检察院、公安部关于办理刑事案件收集提取和审查判断电子数据若干问题的规定》（2016）第 1 条、第 25 条，《网络预约出租汽车经营服务管理暂行办法》（2016）第 6、18、26、27 条，《互联网新闻信息服务管理规定》（2017）第 13 条，《互联网论坛社区服务管理规定》（2017）第 5—8 条，《互联网跟帖评论服务管理规定》（2017）第 5、8、9 条，《互联网群组信息服务管理规定》（2017）第 5 至 8 条，《互联网用户公众账号信息服务管理规定》（2017）第 5、6、7、11、12 条，《网络游戏管理暂行规定》（2017）第 21 条，《微博客信息服务管理规定》（2018）第 7、8、9、10 条，《互联网域名管理办法》（2017）第二章域名管理、第三章域名服务，《具有舆论属性或社会动员能力的互联网信息服务安全评估规定》（2018）第 5 条。由于区块链技术自身更强的匿名性，《区块链信息服务管理规定》（2019）整体上就是围绕双重认证机制设计的。

先、中心辐射”模式。在第二个十年的末尾，双重认证机制的正式确立，堪称中国互联网治理的转折点。在双重认证机制正式确立之前，发展是安全的保障，政府各部门“对口分工、九龙治水”“百舸争流、奋楫者先”，治理和安全都是为了更好的发展。在双重认证机制确立之后，中央统辖地方，网信总领各职，“一马当先、中心辐射”，安全成为发展的前提，安全保障发展，安全引领治理，中国互联网治理进入了一个新阶段。

“九龙治水”模式覆盖前两个十年（1993—2012）。在这二十年中，信息化发展优于治理，信息化是政府部门设立和互联网治理职能扩展的关键词。1993 年 12 月 10 日，国务院成立协调性、非常设的“国家经济信息化联席会议”。1996 年 4 月 16 日，该联席会议升格为“国务院信息化工作领导小组”，办公室设在电子工业部。1998 年 3 月，该小组的领导小组办公室并入新设的信息产业部。1999 年 12 月 23 日，国务院成立“国家信息化工作领导小组”，具体工作由信息产业部承担，不再单设办事机构。2001 年 8 月，中央重组了“国家信息化领导小组”（该小组持续存在至 2014 年 2 月 27 日），单设国务院信息化工作办公室作为办事机构，同时成立国家信息化专家咨询委员会作为咨政机构。2008 年 3 月，中国政府新设工信部，作为“国家信息化领导小组”的办事机构，一并承担国家发改委工业行业管理职责，国防科工委除核电管理以外的职责，信息产业部的职责，以及国务院信息化工作办公室（取消）的职责。2011 年 5 月，国家互联网信息化办公室成立，主司互联网信息传播法律政策和内容管理。

如“中国互联网治理架构（1993—2012）”图所示，所谓“九龙治水”，九龙是个概数而非确数，在现实世界行使互联网治理权的政府部门，约有十三个，俗称“十三个婆婆”，包括国家经济信息化联席会议、国务院信息化工作领导小组、国家互联网信息办公室、国务院新闻办、公安部、国家密码管理局、工信部、国家广播电影电视总局、新闻出版总署、教育部、文化部、卫生部、国家食品药品监督管理局。此外，作为事业单位，互联网协会没有实际治理权，仅有制定和发布不良信息自律规范等行业协会的自治功能。在第二个十年的末尾，全国人大常委会就互联网安全（2000 年）和网络信息保护问题（2012 年）行使了国家立法权，二者也成为第三个十年的关键词。

1953 年 3 月，中共中央按照职能分工，将政府系统的工作划分为六大口：党群、统战、工交、财贸、文教、政法、农业、外事，形成了“归口领导、对口管理”制。六大口后来演化为九大口：党群（含工青妇、统战、民族）、工交（各工业部、铁道、交通、邮电、民航）、财贸（财政、商业、银行）、农林（农业、水产、林业、水利）、计划（计委、城建、统计）、外事（外事、侨务、台办）、卫生（卫生、计生）、宣传（教育、科技、文化、广电、新闻出版）、政法（公安、法院、检察院、司法、监察）。2018年3月，中共中央将政府系统的工作进一步细分为十六大方面：深化改革、依法治国、经济、农业农村、纪检监察、组织、宣传思想文化、国家安全、政法、统战、民族宗教、教育、科技、网信、外交、审计等，但党对政府工作的领导机制仍然是“口”，以口为单位，“归口领导、归口协调、归口管理、对口衔接”。“口”是条块管理的基本单位，在中央为“块”，对地方为“条”。

中国政府部门正是按照既有的“块块分工”，对口分工行使互联网行政执法权、行政立法权。分工大致如下，国家互联网信息办公室负责国际出入口信道、计算机网络与信息安全，以及信息技术开发和信息化工程。国务院新闻办负责互联网新闻和外资金融信息。公安部负责信息系统安全、国际联网安全、互联网安全保护、信息安全等级保护和网络犯罪。国家密码管理局负责公用密码和商业密码安全管理。工信部负责电信、通信网络、域名、IP地址、电信企业等物理层、传输层管理，新闻信息、电子公告、电子邮件、信息服务、个人信息保护、非经营性互联网信息服务等内容层治理，以及网络安全等代码层治理。国家广播电影电视总局负责信息网络传播视听节目和新闻网站新闻记者管理。新闻出版总署负责互联网出版、网络游戏管理。教育部负责高等学校计算机网络管理。文化部负责网络游戏、网络音乐、互联网文化管理。卫生部负责互联网医疗保健信息管理。国家食品药品监督管理局负责互联网药品信息及销售管理。

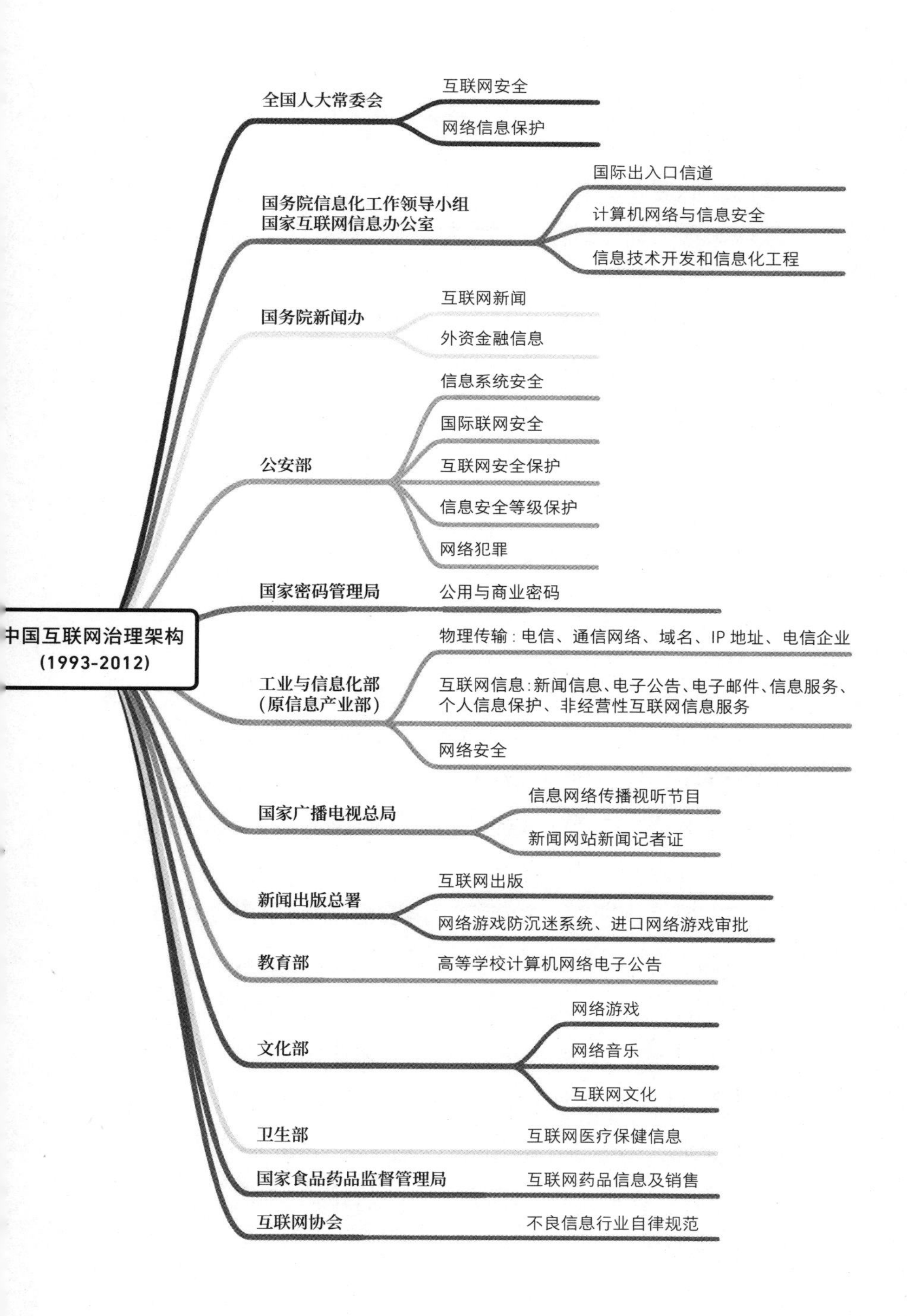
中国互联网治理架构
(1993-2012)
全国人大常委会
互联网安全
网络信息保护
国务院信息化工作领导小组
国家互联网信息办公室
国际出入口信道
计算机网络与信息安全
信息技术开发和信息化工程
国务院新闻办
互联网新闻
外资金融信息
公安部
信息系统安全
国际联网安全
互联网安全保护
信息安全等级保护
网络犯罪
国家密码管理局
公用与商业密码
工业与信息化部
(原信息产业部)
物理传输：电信、通信网络、域名、IP 地址、电信企业
互联网信息：新闻信息、电子公告、电子邮件、信息服务、个人信息保护、非经营性互联网信息服务
网络安全
国家广播电视总局
信息网络传播视听节目
新闻网站新闻记者证
新闻出版总署
互联网出版
网络游戏防沉迷系统、进口网络游戏审批
教育部
高等学校计算机网络电子公告
文化部
网络游戏
网络音乐
互联网文化
卫生部
互联网医疗保健信息
国家食品药品监督管理局
互联网药品信息及销售
互联网协会
不良信息行业自律规范

上述分工表明，在第一个十年和第二个十年中，中国互联网治理的重心在内容层，而且内容治理涉及多个政府部门，职能存在交叉重叠。工信部职能范围对互联网各个层级的覆盖最为广泛：涉及物理层、传输层、内容层、代码层，是在业务上“最对口”的部门。其他部门则基本是将现实世界的职能分工适用于信息环境。这种“十三个婆婆”“九龙治水”的模式，在第三个十年发生了转变。

一马当先，中心辐射

随着互联信息网络在国内和国际各类议题、事务上的应用愈加广泛，影响迅速扩大，尤其是国际互联网治理的博弈斗争加剧，网络安全开始优先于信息化，在双重认证机制正式确立之后，“对口分工、九龙治水”模式开始转向“一马当先，中心辐射”模式，身份认证与行为识别开始深度嵌入物理层、传输层、内容层和代码层。

2008 年 7 月至 2014 年 2 月，“国家信息化领导小组”一直没有开过会，中国互联网治理在此期间缺乏有效的统筹决策机制，“九龙治水”模式的弊端不时显现。2014 年 2 月 27 日，中央网络安全与信息化领导小组成立，办事机构为中央网络安全与信息化办公室，具体职责由国家互联网信息办公室承担，国家互联网信息办公室主任兼任中央网络安全与信息化办公室主任，两个机构，一块牌子。2014 年 8 月 26 日，国务院授权国家互联网信息办公室行使国家互联网信息内容管理和监督管理执法权。2018 年 3 月，中央网络安全和信息化领导小组升格为中央网络安全与信息化委员会，办事机构为中央网络安全和信息化委员会办公室，接管了工信部管理的国家计算机网络与信息安全管理中心，中央网络安全和信息化委员会办公室与国家互联网信息办公室，一块牌子、两个机构，同为中共中央直属的国家机构。中国互联网治理，在第三个十年中，进入了“一马当先，中心辐射”模式。①

如“中国互联网治理架构（2013—2022）”图所示，在“一马当先，中心辐射”模式中，中央网络安全与信息化委员会处于中心位置，统领全国的网络安全和信息化工作，协调各中央互联网部门，指导地方互联网部门，推动重要立法进程，具体包括：互联网信息传播立法，网络新闻审批监管，网络游戏、视听、出版等文化领域布局规划、文化阵地建设，重点新闻网站管理，协调网络宣传、查处违法违规网站，指导互联网基础管理，以及互联网信

---

① 1993 年至 2022 年，中国现行有效的互联网法律与政策，含法律、行政法规、部门规章、规范性文件和司法解释共约 176 件。2015 年 5 月之前，共计 86 件，参见中央网络安全和信息化领导小组办公室、国家互联网信息办公室政策法规局编：《中国互联网法规汇编》第一版，中国法制出版社 2015 年版。2015 年 5 月至 2022 年 11 月，新增 5 部法律、5 份行政法规、70 个部门规章和 10 个司法解释。

中国互联网治理架构（2013—2022）

- 国务院
  - 2014 年 33 号授权
  - 互联网上网服务营业场所管理：文化、公安、工商、电信
  - 互联网金融风险治理
- 公安部
  - 公安机关互联网安全监督检查
  - 具有舆论属性或社会动员能力的互联网信息服务安全评估
  - 网络犯罪
  - 互联网危险物品信息发布管理：公安部、网信办、工信部、环保部、工商总局、安监总局
- 国家密码管理局
  - 公用与商业密码
- 工业与信息化部（原信息产业部）
  - 通信短信息
  - 互联网域名
  - 电信用户申诉
  - 电信和互联网行业网络安全
- 文化和旅游部（原卫生部）
  - 网络游戏
  - 网络表演
  - 互联网文化
- 交通运输部、工信部、公安部、商务部、工商总局、质检总局、国家网信办
  - 网约车经营
- 国家广播电影电视总局
  - 网络出版
  - 网络视听节目
  - 新闻网站新闻记者证
- 教育部
  - 教育信息化与网络安全
  - 教育资源公共服务体系建设与应用
  - 网络学习空间建设与应用
- 国家卫生健康委员会（原卫生部）
  - 互联网医疗保健信息
- 国家食品药品监督管理局
  - 互联网药品信息及销售
- 银保监会
  - 银行业网络安全和信息化
  - 电信网络新型违法犯罪案件（联合公安部）
  - 网络信贷信息中介结构（联合工信部、公安部、国家网信办）
- 互联网协会
  - 不良信息行业自律规范

- **全国人大常委会**
  - 互联网安全
  - 网络信息保护
  - 网络安全
  - 电子商务
- **最高人民法院、最高人民检察院**
  - （联合公安部）电子数据提取和审查判断
  - 法律适用：电信网络诈骗、淫秽电子信息等刑事案件，信息网络诽谤等民事案件
  - 网络司法拍卖
  - 裁判文书与审判流程网络公开
  - 互联网法院
- **中央网络安全与信息化委员会**
  - 互联网信息传播立法
  - 互联网信息内容管理
    - 即时公众信息
    - 用户账号名称
    - 信息搜索服务
    - 移动互联网应用程序
    - 直播
    - 微博客
    - 新闻信息
    - 论坛社区
    - 跟帖评论
    - 群组信息
    - 公众账号信息
    - 区块链
    - 新闻单位约谈
    - 信息内容管理行政执法
    - 互联网新闻信息服务单位审批备案、外资金融信息服务审批
    - 新闻信息服务新技术新应用安全评估
    - 网络安全标准化
  - 网络新闻审批监管
  - 网络游戏、视听、出版等文化领域布局规划、文化阵地建设
  - 重点新闻网站
  - 协调网络宣传、查处违法违规网站
  - 指导互联网基础管理
  - 指导全国各地互联网部门工作

息内容管理：覆盖即时公众信息、用户账号名称、信息搜索服务、移动互联网应用程序、直播、微博客、新闻信息、论坛社区、跟帖评论、群组信息、区块链、新闻单位约谈、信息内容管理行政执法、互联网信息服务单位审批备案、外资金融信息服务审批、新闻信息服务既是新应用安全评估，以及网络安全标准化等。最高人民法院、最高人民检察院在这一时期的工作，涉及电子数据提取和审查判断，电信网络诈骗、淫秽电子信息等刑事案件，信息网络诽谤等民事案件，网络司法拍卖，裁判文书与审批流程网络公开，以及互联网法院等方面。全国人大常委会制定了网络安全法、电子商务法、数据安全法、个人信息保护法等国家级法律。

国务院发布了互联网上服务营业场所管理规章，涉及文化、公安、工商、电信等部门，还开展了互联网金融风险治理。在国务院下属各政府部门中，公安部负责公安机关互联网安全监督检查，具有舆论属性或社会动员能力的互联网信息服务安全评估，网络犯罪，以及互联网危险物品信息发布管理：涉及公安部、网信办、工信部、环保部、工商总局、安监总局等。国家密码管理局继续负责公用和商业密码安全管理。工信部负责通信短信息、互联网域名、电信用户申诉、电子和互联网行业网络安全。文化和旅游部（原文化部）负责网络游戏、网络表演和互联网文化。交通运输部联合工信部、公安部、商务部、工商总局、质检总局、网信办负责网约车经营管理。国家广播电影电视总局负责网络出版、网络视听节目和新闻网站新闻记者证管理。教育部负责教育信息化和网络安全、教育资源公共服务体系建设与应用、网络学习空间建设与应用。卫健委（原卫生部）负责互联网医疗保健信息。国家食品药品监督管理局负责互联网药品信息及销售。银监会负责银行业网络安全和信息化、电信网络新型违法犯罪案件（联合公安部）、网络信贷信息中介机构管理（联合工信部、公安部、网信办）。

“一马当先，中心辐射”模式解决了“对口分工，九龙治水”模式下互联网治理权过于分散的问题，理顺了中央各部门之间的互联网权力关系。中央网络安全与信息化委员会统一行使互联网治理的行政立法权、指导权、监督权和部分执法权，成立至今，已经在互联网用户账号、互联网新闻信息服务及单位管理、外资金融信息服务管理、党政机关网站安全管理、互联网信息搜索、互联网直播、网络安全标准化、互联网信息内容管理执法程序、互联网信息内容管理、互联网从业人员管理、互联网论坛社区、互联网跟帖评论、互联网群组信息、互联网用户公众账号信息、互联网新闻信息服务新技术新应用安全评估微博客信息、区块链信息等方面制定了二三十份行政法规。

从“对口分工，九龙治水”到“一马当先，中心辐射”的转变，体现了在国家认证领域，也就是以中央政府为主体的政治认证领域，身份认证与行为识别嵌入互联网治理之后所带来的新变化。解决重复认证、多重验证、无效认证等各种现实困境，需要认证权的适度集中。对于广土众民的超级巨型国家而言，认证权的适度集中，是在全国尺度上为每个人提供均等化公共服务的必要条件。

|结语|

认证失衡，主权流失

然而，在国家掌握的身份认证之外，社会群体尤其是市场化的信息巨头在事实上掌握着巨大的行为识别权。在从“对口分工，九龙治水”走向“一马当先，中心辐射”的过程中，身份认证与行为识别之间关系的失衡，催生了“认证权不对称”问题。

随着移动互联网浪潮的到来，中国互联网用户规模越来越大。互联网越来越可能变成现实社会问题的引爆器，认证权失衡也从一个小问题变成了一个大问题。而且，一旦信息巨头有了跟政治权威争夺定义人们的生活规范和行为准则的权力，也就是事实上的主权能力，信息巨头就成了一个“虚拟国家”。“虚拟国家”的兴起，成为当下互联网治理的重要理由。

在现实的权力机制层面，国家的政治认证和市场的社会识别之间的认证权失衡，导致了主权的模糊地带。失衡在两个维度上展开，尽管社会认证在技术上往往是国家认证的先行者，国家认证甚至在某种程度上依赖社会认证，但需要思考的是，这种失衡与依赖是否正常，政治家群体究竟应该如何处理与新技术精英群体、新经济精英群体之间的关系，以防止政治生活的市场化，进而避免主权的流失。

欲强国不知国十三数，地虽利，民虽众，国愈弱至削。

——卫鞅《商君书·去强》

数据就是新石油。

——英国数据商人克莱夫·休姆拜（Clive Humby）

七

主权流动

数字画像与智能司法

我们可以通过第三个十年中，在全国遍地开花的、司法部门与信息服务提供者的智能司法合作，深入观察这种关系失衡。

2015年11月25日，《人民法院报》第一版发表了一篇题为“浙江高院联手阿里巴巴打造智慧法院”的报道。[①] 这篇报道说：

> 今后，司法文书可能再也不会因你填写虚假地址而无法被送达，而在法院的不良记录也可能让你再也无法从网上购买奢侈品、机票和申请贷款，支付宝还会时时推送“还债”的温馨提示……通过大数据，这些司法方式走近我们身边。24日，浙江省高级人民法院与阿里巴巴集团签署战略合作框架协议，聚焦阿里巴巴旗下淘宝、阿里云和蚂蚁金服在云计算、大数据和用户方面的资源优势，帮助浙江法院构建司法领域的大数据服务体系，搭建符合信息时代特征的集网络、阳光、智能为一体的“智慧法院”。
>
> 双方将以审务云平台为依托，整合浙江法院案件数据资源，结合公安、政务、金融、电商、社交、交通等周边

① “浙江高院联手阿里巴巴打造‘智慧法院’”，《人民法院报》，2015年11月25日第1版。

数据，形成跨界融合、全面覆盖、移动互联、智能应用的“智慧法院”大数据生态圈。全省法院丰富的案例资源结合互联网大数据的优势和阿里巴巴不断提升的多维度分析、数据可视化、深度机器学习、人工智能等方面的技术沉淀，开发和实现法官审判经验积累共享、司法资源智能推送、诉讼结果预判等智能化辅助办案平台。该平台还可以进行审判偏离度分析预警，智能化协助法官工作，进而提高司法效率，促进审判的公平正义。通过广泛采集、综合处理、科学分析法院内外的海量数据并进行建模，探寻新形势下审判执行工作的特点和规律，提高司法决策的科学性，提高司法预测预判能力和应急响应能力，让数据为司法业务服务。

双方还将在电子商务网上法庭、司法文书送达、芝麻信用、司法网络拍卖和云服务等专业领域深度融合，充分利用阿里巴巴集团的大数据，助推法院在送达、审判和执行环节提升效率。

在线下司法实践中，受地域限制，许多案件的调解、举证、庭审成本高昂。一旦当事人故意隐匿地址，法律文书将无法送达。浙江法院系统顺利对接阿里巴巴平台的海量数据，不但突破空间限制，实现电子商务纠纷从起诉到举证、庭审、判决、执行全流程在线解决，还能通过数据分析精确锁定被告人常用的收货电话和地址，帮助司法文书顺利送达。

同时，浙江法院和蚂蚁金服平台的芝麻信用对接，利用在蚂蚁金服平台上沉淀大量用户的消费数据，逐步实现法院关于涉诉人员资产信息的在线查询、冻结等。相关人员一旦有了在法院的不诚信记录，在花呗申请贷款、通过支付宝购置机票和奢侈品都将成为奢谈。

据了解，浙江高院此次还引入了阿里云存储技术，对法院的庭审直播视频数据、裁判文书等诉讼档案进行电子化存储，并通过网上法院平台实现案件审判流程信息、法院工作情况和公共信息、庭审视频及裁判文书的公开上网，打造更加开放、更加透明的阳光司法机制。

签约当天，浙江高院审务云大数据平台还发布了危险驾驶犯罪案件和电子商务纠纷等大数据分析模型，正式上线运行支付宝余额查控和当事人互联网数据共享两项新功能。

通过绘制人的“数字画像”构造智能司法，这一现象为我们探讨互联网服务提供者的行为识别与政府的身份认证之间的关系失衡提供了最新例证。

模糊带交叉点自留地

上述这篇报道共分七段。

第一、二、三段点出了司法部门所面临的身份认证困境，即：在充满高度流动性的现代中国，有可能出现在现实中找不到人但在网络中找得到人的现象。当事人的地址信息不真实，会导致司法文书无法送达。解决办法是，司法部门借助信息服务提供者对用户的行为识别数据，在信息环境实现与公共数据、商业平台之间的深度合作，将自己变成“集网络、阳光、智能为一体的智慧法院”。这一公共法人与公司法人的合作，将自然人在信息环境的数字人画像作为认证的重心，既整合了全省法院的案件数据，又结合了公安、政务、金融、电商、社交、交通等周边数据。借助信息服务提供者基于行为识别所形成的信息处理技术能力，建立用户在信息环境的数字人画像，帮助法官做出科学的司法决策，提高司法部门的司法送达、审判和执行效率。这是司法部门与商业公司在信息环境的合作。

第四、五、六、七段描写了司法部门与商业公司在现实世界的合作。合作涉及电子商务纠纷的全流程在线解决及数据分析，涉诉人员资产信息的在线查询和冻结，危险驾驶犯罪案件的数据分析，用户电子金融账户余额查控，当事人互联网数据共享，以及利用阿里云存储技术，推动司法公开。其中，非常值得关注的是，通过商业公司的数据锁定被告人常用的收货电话和地址，利用该公司所拥有的海量用户行为数据，绘制包括身份信息、联系信息、消费数据、金融数据在内的涉诉人员数字画像，顺利送达司法文书。这表明，政府部门对网民的公民身份认证，通过市场力量的行为识别所提供的身份、行为信息实现，换言之，政府身份认证权的效力，最终是由市场力量的行为识别所保障的。政府这么做当然有其现实的需要，但这很可能意味着国家认证与社会认证之间关系的失衡。这提醒人们关注信息技术对国家权力的冲击，关注信息技术对人民主权的挑战，即普罗大众对自身生活方式、生活意义和相互关系的定义权，在信息技术条件下所遭遇的挑战。

简言之，在信息环境下，主权正在发生值得重视的流动：从人民手中，从作为人民护卫者的国家手中，流向新兴的技术精英群体，流向新经济群体。信息技术所催生的主权流动性，塑造了一块块公共权力与私人权力、政治权力与经济权力、公共利益与商业利益之间的模糊地带，国家的领土边界从清晰变得模糊，暴力的作用对象从有形变得无形[①]，权威的正当基石发生动摇，资源的调配运用遭遇梗阻。信息技术将现实世界的主权人民变成了虚拟国家的受限用户，通过羽翼日渐丰满的技术权威以及相应的经济权威，挑战着普罗大众和现代国家的政治能力、政治权威和政治正当性。

这些挑战，往往发生在信息网络空间与现实政治世界之间的权力交叉点。比如：网民身份对公民身份的替代，网络犯罪对法律秩序的挑战，电子商务对实体经济的冲击，电子信贷对金融稳定的冲击、商业线上教育对公共教

① 李立敏：《信息技术与暴力的重构》，中国人民大学硕士论文，2019。

育权威的影响等。当然，还有一系列更为基础因此也更为根本的问题：身份认证究竟是一项政府公权还是市场私权？究竟应该如何约束行为识别这种事实权力？如何防止行为识别所产生的海量公共数据侵犯公民个人隐私、自由和权利？身份认证与行为识别的交叉比对需要何种限制条件？双重认证机制是否形成了对网络安全破坏者的充分法律威慑？如何理解身份认证与行为识别各自的边界及其相互关系？回答这些问题，有助于人们理解互联网可治理性的演变，以及信息环境的自由与安全问题。

为了商业盈利目的，信息资本力量往往主张自己拥有行为识别权乃至身份认证权，并娴熟地运用为大众服务、为公共利益服务的话语修辞，努力影响国家政治决策、法律和政策。面对这种挑战，现实世界需要划定任何新经济力量不可侵犯的人民主权保留地。身份认证与行为识别之间的权力关系，正是理解这种现实世界与信息环境之间围绕现代国家人民主权的模糊带、交叉点和保留地所进行的复杂竞争、斗争格局的切入点，如果处理不好身份认证与行为识别之间的权力关系，就会削弱人民主权，损耗现代国家的政治能力及其正当性。

一旦信息技术成为出于更大的商业利益考虑而干预政治的工具，其威力、影响和后果就更加不容小觑。

请大家想象我和康威之间的这样一场决斗。康威有一个搜索引擎，这是一把厉害的枪，能让康威知道你在想什么，你想要什么，你在哪儿，你是谁。他能把这些搜索变成选票子弹，足以让我没有胜算。但我有一把更大的枪，它叫国家安全局。这就是做总统的诸多优势之一。也就是说，如果法院批准我的监控请求，你的手机，你身旁那个人的手机，你邻居的手机，你认识的每个人，以及你不认识的三亿美国人，我都能看见你们，我能用我看到的东西操纵这次选举。当然，可以想见，这样的武器风险有多大。尼克松因为监听了水门大厦的几个房间就被吊打，我说的可是监听每个美国家庭。这样的武器，有可能在我手中爆炸，所以只能用 B 计划。A 计划安全得多，就是曝光康威在违法使用他的枪，下了他的枪！

2016 年 3 月，在美国政治电视剧《纸牌屋》第四季中，美国总统下木的这段话，并非完全虚构，而是源于生活。

9 · 11 事件的暴发，让美国政府借助反恐理由获得了巨大的对内和对外监控权。在 2004 年美国总统初选中，爱德华 · 迪恩昙花一现的卓越成功，就是借助互联网进行竞选组织、选举动员、造势筹款的结果。在 2008 年美国总统选举中，巴拉克 · 奥巴马就按照迪恩经验依葫芦画瓢，借助已达 1 亿美国月活跃用户的 Facebook 大数据，展开了一场成功的“数字竞选”。2012 年美国总统选举，2 亿月活跃用户的个人信息，更是成为奥巴马“数字竞选”的聚宝盆。2018 年 3 月，“剑桥分析”公司事件暴发，该政治咨询公司被指控将 5000 万 Facebook 美国用户的个人信息，用于影响2016年美国总统选举。2020年美国总统选举后，Facebook、Twitter、YouTube、Google等美国信息巨头宣布封禁总统特朗普的账号，德国总理默克尔随即表示封禁个人网络账号应该根据立法者和法律定义的框架规则，而不是根据社交媒体平台管理层的决定。很多国家的领导人赞成默克尔的态度，信息巨头与政治国家之间的关系，走到了一个十字路口。

概言之，用户在社交媒体上的个人信息和发帖行为，让信息巨头和数据分析公司轻松掌握了自己的年龄、性别、种族、住址、电话、电邮、喜好、习惯、偏好、家庭状况、活动范围和朋友圈等个人隐私。身份认证与行为识别的结合，催生了一件威力巨大足以掀起惊涛骇浪的政治武器。

谁认证，谁治理

因此，人们需要厘清身份认证和行为识别的法律地位和相互关系，这又取决于它们各自的权力属性。在现实中，存在这样两种选择：要么对身份认证施加更多的限制，同时赋予行为识别更大的空间；要么相反，给予身份认证更多的自由，而给行为识别施加更多的约束。这取决于认证主体究竟是谁，如果认证主体是国家，那就应赋予国家的身份认证以更大的权力，国家的行为识别必须附着在身份认证之上。如果认证的主体是市场，那么就应对市场的身份认证施以更大的约束，使之依赖并附属于国家的身份认证。与之相应，对市场的行为识别则应给以较大的空间，同时又必须对其施以明确的法律约束。

也就是说，人们必须建立起这样一种观念：身份认证权是一种基础的、根本的、不可转让的国家权力，而行为识别权是国家可赋予市场力量的受限权力。身份认证权是一种国家权力，其权力主体是国家，服务于人民主权、国家治理的各项基本需要，这是一种非常基本的政治认证。这是世界各国的通例。

行为认证权，事实上是国家赋予社会主体的一种权力，是一种社会认证。互联网服务提供者可以在国家法律授权范围内进行某些环节的身份认证，但最后环节，即对身份信息的真实性、准确性的确认，是国家的当然政治权力，不可转让。在国家和法人都对自然人行使着某种认证权的情况下，国家认证的权威不能由公司法人的行为识别授予；相反，公司法人的行为识别权应该来自国家认证的政治权威。正是在这个意义上，信息平台对外卖快递员的时间压缩，是在根本上挑战着国家与人民之间的政治关系，信息平台通过大数据信息处理，将快递员变成了疲于奔命的“数据化的工具人”，挑战着具有高度政治性的劳资关系的处理原则。互联网信息服务者作为公司法人所享有的行为识别权之所以值得高度警惕，正是因为它在本质意义上定义着作为网民的公民、作为信息服务消费者同时也是生产者的互联网用户的生活意义。

这是因为，是国家在统治，而不是公司在统治；是政府在治理，而不是市场在治理。在权力机制上，谁是认证者，谁才是治理者。因此，对于国家而言，收集、储存、识别、确认和使用公民的身份信息是一项基本的政治权力，可以在不扰民的前提下合法行使，所获得的公民基础数据可以在保障公民个人隐私的前提下授权或要求社会主体提供相应信息，并向社会主体提供最终的验证、认证服务。

但是，互联网信息服务提供商对用户所进行的行为识别，也就是对个人信息的收集、存储、使用，必须接受非常严格的个人信息保护法律限制。[①] 不仅是对儿童，也包括作为互联网服务消费者的成年人信息的收集、存储和使用，都必须遵循合法、必要、正当、匿名以及同意原则，明确说明信息收集、处理和使用的目的、方式和范围及其法律限制。对于通过行为识别获得的用户数据，必须严格保密，不能泄露、出售或非法向他人提供，还要采取必要的技术措施防止身份、财产和行为信息被滥用。如果互联网信息服务提供者需要确认这些信息的真实性和准确性，则须向国家政府机关提出申请，并在符合法定规则的前提

① 参见《关于加强电信和互联网行业网络安全工作的指导意见(2014)》，工信部保〔2014〕368号。

下来验证用户的信息。

之所以要对互联网服务提供者的行为识别施加严格约束，正是因为他们的行为识别能力既是其商业盈利模式的根基，也是公民个人权利巨大威胁源。那些掌握海量、巨量用户个人身份信息、网络行为流的大公司、大平台，也完全有能力对国家的数据安全、信息安全、经济安全和国家安全造成威胁。因此，无论是把数据看作生产要素的阿里巴巴，还是把信息视为能源资源的腾讯，他们的行为识别权均须受到国家政治权力的严格约束，市场法人的权力不能自然人化。重新定义大公司、大平台所拥有的巨量用户个人数据的法律性质、政治性质、权力归属、适用边界和限制条件，由此成为中国互联网治理第三个十年的一大重心。

总之，互联网信息服务的提供者只能进行合法的行为识别，只能在法律许可的情况下通过行为识别身份，不能通过身份来跟踪、追溯、预测和确定个体行为。因为后者一旦大行其道，数以十亿计信息用户的个人隐私将彻底终结，公司法人将因此掌握对用户个人生杀予夺的生命权力。因此，这种权力只能由国家来行使。

如果现实世界意欲驯服信息巨灵，就需要掌握信息的规则、互联网的架构特性、互联网企业的商业模式以及网络政治经济机制等给“网络乌托邦”祛魅的新知识。其中，尤其必要也甚为迫切的是，需要厘清身份认证与行为识别的群己权界，进而提高互联网的“可治理性”。互联网不是自生自发的无主之地，互联网治理所要具备的网络知识、所要掌握的信息数据，也不可能完全是舶来品，它必然需要也必须生发于现实世界的政治经济土壤之中，尤其是现实世界对于大规模社会的支配与“反支配”、治理与“反治理”、认证与“反认证”的互动过程之中。

走出网络乌托邦

今天，我们尤其需要从政治经济意义上反思“网络乌托邦神话”。这种迷思突出地表现为“信息环境无需治理”，这种想法主张互联信息网络空间是自生自发之地，自带自组织能力，自有一种无需法律的秩序，现实世界能做的就是“各行其是，无为而治”，让它自我发展，让它根据其自身的规律在它自己的道路上自我发展。政治之道，当然也包括法律技艺，就在于永远不要与信息环境的现实运转原则分离。相反，政治和法律都只能融入信息环境的现实规则之中与其一起运转。[1]就此而言，“谁能控制互联网架构及其演变，谁就有权力定义互联网上的信息

① 对新自由主义的生长机理的深刻揭示，参见［法］米歇尔·福柯：《安全、领土与人口》，钱翰、陈晓径译，上海人民出版社，2010，第24—38页。

和内容”。[1]

如果我们秉持对网络乌托邦迷思的警惕，就可以发现，在信息环境下，政治治理需要以知识的生产为前提，具体规则来自对不同知识的分类、拟制和想象，来自对网民的社会需要、互联网企业的商业需要以及政府规制需求而不仅仅是他们的法律属性的关照。因此，关键不是信息资本主义对财产、劳动、知识、文化、隐私、声誉和安全的重新定义，而是网民、商业和政府如何在信息环境下使用和理解这些概念，以及这些概念对于此三者生活的意义。我们必须考虑这些关乎生活方式、意义体系、价值认同、行动规则、技术架构的新知识在信息环境的生成机制与作用机理[2]。

无论出于何种理由，是互联网架构的开放与中立，还是信息的自由流通、技术的自由创新和经济的持续发展，是用户的独立与自主、社会的公序良俗，还是政治与法律规制的自主性，都要求我们把自己作为网民与公民的身份分开，要求我们把商业利益与公共利益分开，要求我们把信息环境带回到现实世界。

信息环境的新知识尤其是在互联网服务商寻求建立商业模式的过程中，在影响基础架构、网民选择和政府规制并与之互动中形成的。互联网信息巨头力量的扩张

---

① 胡凌：《探寻网络法的政治经济起源》，上海财经大学出版社，2016，第 14 页。
② 胡凌：《探寻网络法的政治经济起源》，第 3—15 页。

就是一个明证。这些信息巨头宣称自己拥有与传统主权理论所衍生的“互联网主权”、“信息主权”（Information Sovereignty）、不同的“数据主权”（Data Sovereignty）[①]，他们通过对巨量数据的占有、使用、收益和处分，成为信息环境中举足轻重的支配力量[②]。

信息巨头们推动着信息财产的所有权与使用权的进一步分离，催生着新的利益主体，扩大了自己与用户之间的权力不对称。它们充分利用用户的脆弱心理和柔软情感，通过赤裸裸的经济理性诱导，试图把他们从自主的生产者变成驯服的消费者，把大量的小众文化变成自己边缘化的附庸，从而破坏网络社区的理想，瓦解“公共资源神话”，打破互联网开放的幻觉，削弱公有领域的政治价值，持续不断地威胁用户与政府的独立与自主。

互联网的技术架构也不能独善其身。信息巨头们善于利用“网络中立”“避风港”“网络空间的免费信息必须永远自由（免费）的使用”等修辞原则建立商业模式，借此打破信息流通的传统障碍，把知识和科技的生产集中在自己手中之后，把知识产权作为维自己垄断权的意识形态利器，消磨互联网架构的自主性，从分布式的多中心架构走向纵向一体化和巨型信息垄断平台，从开放走向封闭，并在社会政治意义上导致了明显的“网络隔离”（Cyber

① 林珽：《数据主权研究》，中国人民大学硕士论文，2022。
② 胡凌：《探寻网络法的政治经济起源》，第 34—39 页。

Apartheid）、“网络割据”（Cyber Balkanization）等“高科技封建”（High-Tech Feudalism）现象[①]。

更值得深思的是，互联网信息巨头们通过行为识别建立商业模式，通过“连接一切”锁定用户，通过要求法律保护和严格的技术控制，来防止竞争对手侵犯自己的“数据主权”。我们看到，新经济靠重新配置既有资源（如资本、版权作品、出租车、医生、教师、学校）获利，新规则靠挑战传统的法律和组织规范（如金融法、版权法、出租车行业规章、医疗体制、教育法规等）存活，这实质上是信息环境向现实世界发起的主权竞争与挑战，这种竞争与挑战的关键在于，由谁来定义经济、政治，由谁来定义用户个体的生活意义，由谁来越过用户的思维支配用户的身体[②]。

信息巨头及其商业利益与用户自主、技术创新和公共利益之间冲突不断。如果现实世界对信息环境的治理过于保守、僵化、封闭，仅仅着眼于传统规制（如信息服务商之间的不正当竞争和垄断，专有网与公共网之间的矛盾，以及条块管理体制的内部冲突），就无异于“以身饲虎”，因为这时候法律就很可能变成新利益主体建构自身正当性的工具。因此，现实世界需要提升学习能力，构建“新规制”[③]，包括基于互联网物理层的“端到端”技术特性研发

---

① 胡凌：《探寻网络法的政治经济起源》，第197—208页。

② 胡凌：《探寻网络法的政治经济起源》，第323—331页。

③ 胡凌：《探寻网络法的政治经济起源》，第211—218页。

新的信息技术、建设新的信息基础设施，针对提供准公共服务的信息服务商建立新的法律规制，针对那些掌握高度整合的互联网入口和控制平台建立代码层规制，防止信息巨头攫取自己对公民的身份认证权，并严格约束信息巨头赖以谋生的行为识别权。

| 结语 |

高技术之争

事实上，不仅现实世界须臾离不开认证，认证在信息环境中也无处不在，它是互联网治理链条的第一环，也嵌入信息系统的每个环节、每个层次的基础架构。因此，认证堪称互联网治理的基石，而由国家认证、社会认证所构成的双重认证机制，对于建构有效的互联网治理体系而言尤为关键。

在过去三十年的中国互联网治理中，以身份认证为主要内容的国家认证日渐突出，以行为识别为主要内容的社会认证也愈加明显。国家提供真实、准确、完整的身份信息，并向社会主体施加行为识别的法律约束，这让行为识别更多体现为一种义务而非权利。这种关系架构让国家得以实现“俭省的治理”，用更小的财政成本谋求更大的公共安全收益。但是，这种治理的实效往往取决于行为识别主体所实际掌握的自由裁量权，这种自由裁量目前看来是非常大的，国家治理因此遭遇很大挑战。为了协调国家身份认证与社会行为识别的相互关系，双重认证机制应运而生。双重认证机制的形成，是中国互联网治理从物理层到传输层、再从内容层直至代码层，一步一步“摸着石头过河”而非层际跃迁的结果。中国互联网的可治理性因此也是逐步提升的，这可以说是中国互联网治理的总体趋势。

在第二次世界大战结束之后，美国总统艾森豪威尔在对美国国会发表最后一次国情咨文之际，曾经呼吁人们警惕军工复合体在美国政治经济生活中的崛起。事实上，他的警告不仅仅是针对军工复合体，而是议员—军工复合体。因为现场听众是议员，临时拿掉了“议员”一词。随着信息技术革命的到来，技术精英群体的出现，也让信息政治学者提出了警惕“技术—议员—军工复合体”的新呼吁。当然，对于中国的互联网治理而言，这种政治与商业的群己权界，不仅需要在中国的传统疆域之内厘清，还需要在全球信息环境的高技术疆域中划定。这是因为，互联信息技术正是后冷战时代结束之后大国长期战略竞争的焦点所在。互联网既是美国的国家网也是美国的国际互联网，这一双重特性也正说明，在大地、海洋、天空之外，一个全新的空间竞争时代到来了。

数据不是新石油，而是新核能。

——英国技术思想者詹姆斯·布莱德尔（James Bridle）

芯片是信息社会的细胞，计算机是信息社会的大脑，通信网络是信息社会的神经系统，信息安全是信息社会的免疫系统。那什么是血浆呢？实际上是信息资源的建设。因为在人体中，血浆能够把白血球、红血球和营养传到各处需要的地方。信息技术能够支撑一个社会，使它得到很高的效益，完全靠信息资源中的内容。血浆是信息资源的建设，这是我体会比较深的第一点。第二点就是，我现在逐步明白，我干的这行是文化。

——汪成为

八

空间竞争

数字恺撒之死

1998年10月，掌管美国互联网号码分配局（Internet Assigned Numbers Authority，缩写IANA）近三十年、人称“数字恺撒”（Numbers Czar）的乔恩·波斯特尔（Jonathan Bruce Postel，1943—1998）去世。他的高中校友、大学同学、亲密同事、互联网TCP/IP标准主要设计者、互联网协会主席、互联网域名与地址分配局（Internet Corporation for Assigned Names and Numbers，缩写为ICANN）主管文顿·瑟夫（Vinton Gray Cerf）潸然泪下，写了这样一篇感人至深的悼词（节选）[1]：

很久很久以前，在阿帕网（APARNET）中，一场伟大的冒险开始了。在一系列新的通信观念、实验、设计和测试中，一个网络好望角出现在这片混沌之中。从阿帕网开始，无数网络不断演化，最终相互连接成为互联网。必须有个人追踪所有协议、标识符、网络、地址，以及，这个网络宇宙里万事万物的名字。必须有个人追踪像火山一样从激烈辩论中爆发出来的所有信息。必须有个人追踪那些持续了三十年的无尽发明。这个人，就是乔恩·波斯特尔，我们的互联网号码分配权威。们的朋友、引擎、知

[1] Vinton G. Cerf, “I Remember IANA” (RFC2468), *Communications of the ACM* 41.12 (1998): 27-28.

己、领导、偶像。现在，他成了第一个离开我们的巨人！

乔恩一直是我们的磐石，支撑着我们的每一次网络搜索，每一封电子邮件。他总是在那里调解不期而遇的争端，提醒我们做决定时要不偏不倚。他总能举重若轻，以明显的轻松做出困难的决定，也能举轻若重，在需要审慎之际听取别人的意见。他为所有互联网专业人士留下了一笔不朽的遗产，他为我们提供了数十年的稳健服务，他总能在复杂的技术和政治雷区中找到正确的道路。

乔恩和我是范奈斯高中的同学，但我们当时不在一个班，互不认识。我们真正相识是在加利福尼亚大学洛杉矶分校，我们都是伦纳德·克莱因洛克（Leonard Kleinrock）教授领导的阿帕网项目组成员，还有斯蒂芬·克罗克（Steve D. Crocker）。他也是我们的高中校友，他领导研发了阿帕网的第一个主机对主机协议。从斯蒂芬想出“征求意见”这个点子那一刻起，乔恩就开始做编辑了。当我们需要追踪所有主机和协议标识符时，乔恩自愿当了“数字恺撒”。后来，有了互联网之后，乔恩又自愿负责互联网号码分配局。

乔恩是互联网架构委员会的创始成员，并一直为之服务至去世。他也是我所知道的互联网协会的第一个成员，他和斯蒂芬·沃尔夫（Steve Wolff）打赌，谁先填好申请表并付款，谁就是第一个，乔恩赢了。他是US域名的保管人，大洛杉矶地区局域网的创建人，还是南加州大学信息科学研究所网络研究部的管理人。

乔恩热爱户外运动。他喜欢在优胜美地附近的高地背包旅行。他留着大胡子，脚蹬凉鞋，是加州大学洛杉矶分校的嬉皮士教主。他为人低调，但完全有能力和“光子鱼雷”打交道，还能随时在技术争论中进入战斗状态。他的顽固也超乎想象，我想他可以在凝视比赛中胜过斯芬克斯。

乔恩激发了他的朋友和同事们的忠诚和坚定的奉献精神。对我来说，他就是无私服务的化身。他离开了我们，就像我们的网络宇宙张开大嘴吞噬了我们的朋友。但是，他所创造的一切，为我们书写了引人入胜的互联网故事，既有技术的，也有诗意的，还有异想天开的！

乔恩留下了持久的遗产，他永远不会从我们的集体意识中消逝！他是衡量一个人为其所熟悉、所热爱的共同体热血奉献的标准！

文顿·瑟夫对波斯特尔的评价，并非溢美之词。波斯特尔短暂的一生，见证了互联网的前身今世。

林肯计划，陆海空天

互联网的构想，最初来自建立星际间互联网的技术灵感，但实际推动者是美国国防部。1949 年 8 月，苏联试验爆炸了第一颗原子弹，美国旋即集合陆海空三军力量，成立了“防空系统工程委员会”。为了防止敌方轰炸机低空飞行躲避雷达探测，需要在地面上广设雷达站，各雷达站之间又要能快速迅捷地互通信息。因此，1949 年 12 月，防空系统工程委员会建议美国借助高速电子计算机技术革新指挥控制系统，既能让各雷达站迅速传递信息、彼此沟通，又能集中控制、中央协调，每个雷达站都能借助计算机成为国家防御系统指挥中心，这一陆海空三军通用的指挥控制系统研究，被命名为“林肯计划”，并在麻省理工学院建立了“林肯实验室”。自 1958 年 6 月 26 日建立起，一直使用至 20 世纪 80 年代的美国半自动防空系统，就是“林肯计划”的产物，无数美国科学家投身其中，包括那些互联网的创建者。可以说，“林肯计划”就是美国互联网的摇篮，正是美苏相互确保毁灭的威慑和平战略竞争催生了互联网。

1957 年 10 月，苏联发射人类社会第一颗人造卫星，这极大地刺激了美国政府。1958 年 2 月，美国总统艾森豪威尔决定创建国防部高级研究计划局（DARPA）[①]，由其负责整合美国导弹研究，区分军事与民用太空研究，最初的三大研究项目为空间技术、弹道导弹防御和固体推进剂。DARPA 适应学术研究的需要，采取更弹性灵活的组织模式——不像其他政府部门那样雇用大量公务员，而是

① https://www.britannica.com/topic/Defense-Advanced-Research-Projects-Agency#ref829305.

挑选社会上的杰出科学家作为研究项目主管，与其签订为期三至五年的短期合同，并授予其极大的自由选择权，资助那些他们认为有利于军队的研究，由他们运用专业知识和研究联系优势，与大学和商业公司组成研究项目组。这种组织模式既有高风险，也有高回报，还以遥不可及的技术梦想吸引了学术界。美国在很大程度上正是因此长期保持在全球范围内的先进技术主导权。

1960 年，DARPA 将所有民用太空项目移交美国国家航空航天局，将军事太空项目移交美国军队各部门。此后，DARPA 继续领导美国的高新技术研究，包括反弹道导弹、核试验探测、雷达、高能光束、先进材料、隐形化合物、战场传感器、激光、非声学潜艇探测、纳米技术，以及包括图形模拟在内的计算机科学，互联网就是 DARPA 所推动的军事信息技术革命的一部分。

林肯计划所开发的半自动防空系统有两套，一套备战，一套备用。备用的半自动防控系统，同样拥有一整套昂贵的大型计算机，以及负责技术维护的国防承包商。为了避免备用系统闲置废弃，1961 年 6 月，美国国防部在 DARPA 之下设立了信息处理技术办公室，负责指挥控制系统研究，研究如何连接国防部设在各重要场所的计算机。

信息处理技术办公室首任主任，是美国心理学家、计算机学家、人机交互领域专家约瑟夫·卡尔·利克莱德（Joseph Carl Robnett Licklider，1962 年 10 月至 1964 年 7 月在任，1974—1975 年再次担任）。利克莱德此前长期从事半自动防控系统研究，他上任后，在“星际计算机网络概念”系列讨论中，提出了建立全球计算机互联网络系统的设想，推动了美国麻省理工学院、斯坦福大学、加州大学洛杉矶分校、加州大学伯克利分校等大学设立了计算机科学系，推动了允许多个程序同时运行以充分利用计算机处理能力的分时技术。分时技术允许创建局域网，但一旦用户超过某个临界点，计算机系统就会处于休眠状态，通过分组交换技术，将各个分时局域网联结在一起，让信息通过不同的电路分散分布于整个系统，即便某个网络受到破坏，仍然可以控制和传递信息，这引起了美国军方的强烈兴趣。

因此，信息处理技术办公室加速推动建立阿帕网。1965 年 2 月，林肯实验室的一台计算机与加州圣莫尼卡一家系统开发公司的计算机成功连接。1969 年 12 月 5 日，阿帕网的四个节点完成连接，阿帕网正式诞生，这就是互联网的前身。

1972 年，罗伯特 · 卡恩担任信息处理技术办公室主任，他构想了分组交换网络，并与斯坦福大学教授文顿 · 瑟夫合作设定了阿帕网的原始版。文顿 · 瑟夫 1973 至 1982 年任职于 DARPA，资助推动了军方所需要的 TCP/IP、分组无线电、分组卫星和分组安全技术，资助建立了互联网名称与数字地址分配局，并在 2000—2007 年间担任董事长。斯蒂芬 · 克罗克等人则合作编写了通讯控制程序。

1975 年夏，阿帕网的控制权，从 DARPA 移交国防通信局。1980 年，美国国防部为所有军用计算机网络制定了 TCP/IP 标准。1984 年 9 月，阿帕网重组，为美国军事站点建立了独立的军事网络（MILNET），用于非机密的国防部通信，美国的民用网和军用网正式分离。

1985 年，美国国家科学基金会（National Science Foundation, 缩写为 NSF）资助几所大学建立了美国超级计算中心，1987 年在此基础上建立了国科网（NSFNET），成为美国政府和大学的骨干互联网。1990 年 2 月 28 日，阿帕网正式退役，商业网络兴起，国科网不再是骨干关节。1988 年，克莱因洛克代表美国国家研究网评估委员会，向美国国会提交了一份《建立国家研究网》的报告，这项建议促成了 1991 年 12 月 9 日的美国高性能计算机法，推动了美国国家信息基础设施建设，即信息高速公路计划。1995 年 4 月 30 日，美国国家科学基金会终止资助国科网，美国互联网正式商业化。

东西海岸，技术政治

正如前文所说，美国互联网的前身，就是美国国防部高级研究计划局开发的军用系统阿帕网。阿帕网最初的四个节点分别位于加州大学洛杉矶分校、斯坦福研究所、加州大学圣芭芭拉分校、犹他大学。这四个节点都在美国西海岸。

加州大学洛杉矶分校主机是阿帕网的第一个节点，领导者是伦纳德·克莱因洛克，他组织了40人的研究团队。1969年10月29日晚上10点30分，加州大学洛杉矶分校建立了与斯坦福研究所之间的主机连接。克莱因洛克的一位学生，时年21岁、喜欢不分昼夜编程的程序员查理·克莱因（Charley Kline），在电脑主机键盘上，开始输入登录命令。但他只在键盘上敲了两个字母LO，主机就瘫痪死机了。一小时后才恢复并成功登录，LO成为阿帕网上的第一条消息。1969年12月5日，四个节点之间成功联网，阿帕网正式诞生。1970年，阿帕网连接了美国西海岸与东海岸。

1975年，联网主机增至57个，这一年的夏天，阿帕网的运行控制权，从高级研究计划局移交给国防通信局。国防通信局设立于1960年5月12日，作为美国国防部下属部门，负责控制国防通信系统，维护美国的指挥控制系统，管理美国与外国领导人的热线电话工程，建立全球军事指挥控制系统。在第一场信息化战争即海湾战争后，1991年6月25日，该局重组并更名为美国信息系统局。

在克莱因洛克的研究团队中，还有三个学生作为计算机科学家在美国互联网历史上留下了自己的名字而且都不是等闲之辈，他们就是前文提到的文顿·瑟夫、斯蒂芬·克罗克和乔恩·波斯特尔。文顿·瑟夫后来成为美国军方所需要的 TCP/IP 协议和一系列分组通信技术的推动者，还是 ICANN 的创建者；斯蒂芬·克劳克领导开发了第一份主机对主机协议，并与文顿·瑟夫等人合作编写了大量互联网协议；而波斯特尔则从 1969 年 12 月 5 日阿帕网四节点正式联网之日前，就一直是互联网数字地址的实际分配者，因此人送绰号“数字恺撒”，也有人说他是“互联网之神”。

在掌管包括顶级域名、IP 地址和端口在内的互联网号码分配权近三十年后，“数字恺撒”波斯特尔凭借一己之力，掀起了一场互联网根域名管理权风波。这场风波最终随着他的生命画上句号而消弭，美国的东海岸胜过了西海岸。

根服务器的控制权彻底从西海岸的技术权威，转向了东海岸的政治权威。全球共 13 个根服务器，10 个在美国。美国的 10 个根服务器，分别是 A、B、C、D、E、F、G、H、J、L 根，7 个在东海岸，还有 1 个在西海岸的美国政府机构手中。美国这 10 个根服务器分布如下，5 个在弗吉尼亚州：A 主根服务器在威瑞信公司、C 根在 PSLNeT 公司、G 根在国防部网络信息中心、J 根在威瑞信公司、L 根在 ICANN。2 个在马里兰州：D 根在马里兰大学、H 根在陆军研究所。3 个在加利福尼亚州：B 根在南加州大学信息科学研究所、E 根在美国航空航天局、F 根在互联网软件联盟。还有 3 个分别在瑞士斯德哥尔摩（I 根）、荷兰阿姆斯特丹（K 根）、日本东京（M 根）。

1997 年 7 月 1 日，美国总统克林顿要求商务部准备将互联网域名系统私有化（私有化在美国成为现代化的代名词），商务部第二天就互联网域名管理方案发布了征求意见稿。1998 年 1 月 28 日，为了测试美国政府放弃对域名系统的控制权之后，根服务器管理权的转移是否顺畅，波斯特尔凭借其"数字恺撒"的绝对技术权威，事先在 IANA 设置了一个服务器，然后向 12 个互联网根域名运营商发送电子邮件，要求他们按照自己的指令重新配置服务器，将 A 根区服务器从当时的网络解决方案公司（Network Solutions Inc.，缩写为 NSI）所垄断的 A.ROOT-SERVERS.NET（198.41.0.4） 改 为 IANA 的 DNSROOT.IANA.ORG（198.32.1.98）。8 个非政府运营商都按照他的指令做了更改，4 个政府运营者没有依令而行。这样一来，波斯特尔就将互联网根域名控制权在美国政府与非政府运营商之间进行了分割。

这一互联网根域名管理权事件，彰显了美国西海岸的技术权威与东海岸的政治权威之间的互联网治理权之争，象征着信息环境凭借技术权威对现实世界的政治权威发起了挑战。尽管波斯特尔对互联网数字地址的分配权也是依据美国国防部高级研究计划局的授权合同行使，但这一授权非常松散而宽泛。当然，结局并不出人意料，美国政府在得知他的举动后，立即要求其停止测试，将控制权还给代表政府掌管 A 主根服务器的网络方案公司。克林顿政府的科学政策顾问还对其发出了威胁："你不会永远在互联网上工作。”波斯特尔最终停止测试，并归还了根域名控制权。1998 年 2 月 20 日，美国商务部电信与信息管理局发布了一份绿皮书，名为：改进互联网域名名称与地址的技术管理模式，决定改变互联网 DNS 根区管理权，强化美国政府对互联网地址和根区的控制权。

1998 年 10 月 16 日，在心脏瓣膜手术 8 年后，波斯特尔因心脏手术并发症在洛杉矶去世，一个时代结束了。随着 IANA 的消失，新兴的 ICANN 取而代之。ICANN 的崛起，意味着认证权在互联信息网络中发生了巨变，互联网在美国从“不可治理”转向“可治理”。在网络空间，谁拥有互联网号码、域名、地址的分配权，也即互联网的终极认证权，谁就在事实上拥有全球信息环境下的“数字主权”。

持续了近十个月的根域名管理权之争，最终以美国政府宣示对互联网的政治主权而告终。在信息环境下，这种主权，很显然是单边的；而且长期以来，也是唯一的。简言之，美国对互联网的单极认证权，使之拥有了信息环境下的单边数字主权。

单极认证，单边主权

1969 年，前美国海军军官，西屋原子能部和洛斯阿拉莫斯国家实验室物理学家约翰·罗伯特·贝斯特（John Robert Beyster），在加利福尼亚圣地亚哥创立了一家员工所有权公司：国际科学应用公司（Science Applications International Corporation，缩写为SAIC）。作为一家国防和情报承包商，SAIC主要为美国政府提供核能及核武器影响研究、信息系统、国防、国家安全等相关技术服务。2012年，SAIC拆分为两家公司：SAIC和Leidos，Leidos继承了SAIC的主要业务。2016年，Leidos与洛克希德·马丁公司信息技术部门合并成为美国最大的国防信息技术服务提供商，主要客户是美国国防部、美国国土安全部和情报部门。尼克松政府的国防部长，克林顿政府的国防部长和中央情报局长，福特、卡特和里根政府的国家安全局、中央情报局高管，先后成为其管理层成员，该公司至今仍是美国前十大承包商之一。

1975年，在美国弗吉尼亚州费尔法克斯县赫恩登镇，网络方案公司成立了。这家公司的主要业务是跟踪当时人们通过网景浏览器连接网络的一切行为，也是一家以政府部门为主要客户的政府承包商。这种在新加坡被称为政联公司的企业在美国比比皆是，尤其是在国防和政府事务领域。1992年12月31日，NSI成为美国国家科学基金会互联网域名注册管理赠款的唯一投标人，获得美国科学基金会独家授权合同，独家垄断了所有非政府的互联网通用顶级域名注册管理权，还负责维护中央域名数据库WHOIS，后来还从波音公司那里分包了.mil顶级域名注册管理权。[1]1993 年 5 月，美国国家科学基金会将域名注册局私有化，NSI 再次成为私有化合同的唯一投标人，每年获得 590 万美元的财政拨款。

1995 年 3 月，SAIC 收购了 NSI，并获得 NSF 授权开始收取域名注册费，每个域名收费 100 美元，其中 30% 捐给 NSF。1997 年，随着业务激增，NSI 在上市后变成了 SAIC 的摇钱树，SAIC 对 NSI 的所有权垄断也开始招人批评，呼吁美国政府管管互联网之声不绝于耳。因此，SAIC 决定断尾求生：将 NSI 一分为二，放弃注册服务业务，保留注册管理权，继续管理囊括世界上所有域名的核心数据库。为了减轻社会和政治压力，SAIC 还在 1995 至 2000 年之间进行了为期五年的公共公关活动，邀请了至少一半的参众两院议员和白宫内阁官员，参观 NSI，试图使之明白世界互联网的运行，离不开 NSI 每天 24 小时、每周 7 天、每年 365 天，保持包括 A 主根服务器在内的域名系统运行。1998 年，美国商务部和国家电信与信息管理局授权互联网名称与数字地址分配局管理域名系统，打破了 NSI 对域名管理的垄断权，但在技术上仍由 NSI 负责维护。2000 年，NSI 被另一个美国政府承包商威瑞信公司（VeriSign）收购，威瑞信运营着全球 13 个根服务器中的两个（A 和 J），拥有 .com 和 .net 的顶级域名，是全球主要的域名供应商和域名系统基础设施

---

① See https://xconomy.com/san-diego/2009/07/29/the-untold-story-of-saic-network-solutions-and-the-rise-of-the-web-part-1/?single_page=true.

关键供应商，对互联网根区的任何更改，最初都是通过威瑞信运营的A根服务器分发的，后来则通过威瑞信设计的单独分发系统，通过任播技术分发给13个根服务器。

ICANN享有全球域名和地址的分配权，仍然以中心化的高度集权的控制模式行使。为了掩饰自己的单边主权，克林顿政府授权ICANN制定互联网政策，承担分配IP地址资源、编辑根区文件、协调全球唯一的协议号码的分配等核心技术职能。尽管其职能所向是国际性的，但它的权力行使却要对美国政府负责。美国是这一权力唯一的监管者，任何对IANA根区文件的修改，均需经获得美国商务部审核同意。美国商务部与ICANN签订了联合项目协议，确定其必须遵循的政策制定任务清单，列出了反映美国利益的明确设想和阶段性目标。美国商务部还与威瑞信公司签订合同，由其具体执行ICANN的技术协调政策，并规定它必须遵守美国根区文件的明确指示。

这也就是说，美国政府享有对ICANN根区的全面政策权威。1998年10月，与波斯特尔去世差不多同一时间，美国商务部宣布拥有这项权力。任何修改、增删根区文件的举动，均需获得美国联邦政府的书面许可。在“9·11”之后，小布什政府于2005年6月30日宣布美国政府永久享有这项权力，而其他国家只能在ICANN的政府咨询委员会担任没有实权的顾问。

因此，美国的这种互联网的全球治理实质是一种单边的治理，这种单边治理延续了美国新帝国不同于英国老帝国的新间接统治模式。作为一个全球化帝国，美国在技术、教育、金融、文化乃至法律等层面都实行一种公私合作伙伴关系模式：个人或公司承办，政府部门提供财政或政策支持，并拥有“黄金股”，享有监督权、控制权。美国之所以能够建立这种单边全球治理体系，也正是因为它在信息技术上的领势地位，及其作为全球互联网连接中心的地位。技术领导权，支撑着其单边数字主权乃至数字霸权。2004 年，由于与利比亚在顶级域名管理权问题上发生争执，美国终止了利比亚的顶级域名 .LY 的解析服务，导致利比亚从网络中消失了 3 天。也是在这一年，美国国家安全局开始筹建“虚拟国界”，以便追踪所有即将进入美国的游客。这些做法彰显了互联网既是美国的国际网，又是美国的国家网的双重特性。

对于美国所享有的单边全球治理及其在信息环境下的单边主权，世界各国并不买账。[①] 自 2002 年起，为了和美国分享互联网的国际管理权，国际电信联盟希望并最终获得联合国授权，召开了“信息社会世界峰会”（WSIS），分为日内瓦和突尼斯两个阶段，从 2002 年持续到 2005 年。在峰会上，发展中国家希望挑战美国的单边统治，欧盟则希望美国对互联网的监管更国际化。但是，无论日内瓦还是突尼斯峰会，最终都没有产生对美国单边主权的任

① 参见 [美] 弥尔顿 · L. 穆勒：《网络与国家：互联网治理的全球政治学》，周程等译，上海交通大学出版社，2015，第 67—97 页。

何挑战，所达成的协议也更多成为一纸空文，美国的单边统治一直持续到 2015 年。

随着 2013 年“斯诺登事件”的暴发，美国国家安全局监控全球“收集一切”的宗旨和能力，大白于天下，引起世界各国公愤。斯诺登最终经中国香港逃往俄罗斯，并于 2022 年 9 月在俄罗斯与乌克兰的持续冲突期间正式获得俄罗斯国籍。面对国际公愤，声名狼藉的美国政府，被迫于 2015 年宣布兑现早就做出的承诺，正式将互联网域名和数字地址的分配权、控制权移交给 ICANN。但事实上，ICANN 所享有的权力直到今天也并没有脱离美国政府的监管，互联网 A 主根服务器的运营管理权，及其对 12 个根服务器的分发控制权，只是由 ICANN 转包给威瑞信这家美国政府的信息技术承包商，继续由其担任根区维护者。美国的单边主权，并没有受到实质触动。

| 结语 |

信息之网，纺织世界

在美国的单边统治之下，世界各国所享有的，只是自己领土边界之内的互联网政策制定权，包括对互联网服务提供者、互联网内容提供者和互联网用户的管理、规制、治理权。对于最重要、最核心的互联网域名和数字地址分配权，各国仍然无法干预，一干互联网国际组织的作用也往往仅限于互联网社区规则制定。因此，全球互联网的治理格局，本质上和事实上，都仍然是“单边主权，分层分治”模式，即：美国的单边治理、各国的有限自主和国际组织的社区自律。美国仍然主导着代码层、物理层、搜索层、应用层，世界各国和国际组织的作用往往仅限于内容层。这也表明，仅仅着力于内容层，还远远不够。

无论在领土范围之内还是在领土范围之间，对于大国之间的网络安全和信息化竞争而言，身份认证都是重中之重。这不仅是针对互联网服务提供者和互联网用户的互联网政策制定权的焦点，也是与美国这一单边主权展开长期战略竞争的抓手。由于美国日益把俄罗斯和中国视为其长期战略竞争对手，把伊朗等国家视为不服从其全球支配权的所谓“区域霸权”，俄罗斯等国家开始谋求建立“主权互联网”，或者希望将互联信息网络空间的认证权更多地控制在领土边界之内。

在我们正在见证的历史进程之中，围绕网络安全和世界权力展开的大国竞争，落实在芯片等核心技术、关键技术所构筑的物理层。物理层成为高技术疆域上大国竞争的主战场，这在很大程度上颠倒了长期以来信息环境不同层级的轻重次序和层际关系，通过先进技术引领世界，通过信息技术纺织世界，通过纺织世界定义世界，成为捍卫虚拟主权、构造信息灵境的关键一步。

不了解世界就不了解发展趋势，不了解中国就不能优化战略部署。

——汪成为

治者所道富也，而治未必富也，必知富之事，然后能富。富者所道强也，而富未必强也，必知强之数，然后能强。强者所道胜也，而强未必胜也，必知胜之理；然后能胜。胜者所道制也，而胜未必制也，必知制之分，然后能制。是故治国有器，富国有事，强国有数，胜国有理，制天下有分。

——《管子·制分》

九

世界纺织

海底光缆，纺织和平

纺织是丝绸大国沟通世界的技术，也是亿级文明构造信息灵境的艺术。农业时代的阿基米德曾经说，“给我一个支点，我可以撬起整个地球”，信息时代的我们也可以说，“给我一根光缆，我可以纺织整个世界”。这不是黄粱一梦，而是生鲜现实。每一根光缆，都是纺织世界的一条故事线。每一根光缆的铺设，都是信息大国世界权力的延展。

2018 年，“和平”高速海底光缆工程正式启动。这条容量大、延迟低的信息通道，从中国穿越巴基斯坦，经海底过非洲之角，抵达法国马赛，最终形成亚洲、非洲与欧洲之间互联互通的信息基础设施。这一工程的承建商，是中国光纤光网电力电网领域规模最大的系统集成商、网络服务商——亨通集团。其第三大股东是华为公司，华为为它提供传输、登陆、接收等物理层网络设备。

事实上，光缆这一物理层要素，从一开始就是连接世界的基石，海底光缆更是国际互联网传输的主渠。400 多条海底光缆，传输了全球 99% 的国际互联网和电话流量。这 400 多条海底光缆，主要是美国公司所有或运营的。这是美国对互联网的单边霸权的底气。在这 400 多条海底光缆中，中国截至 2022 年所有或（参与）运营的仅为九分之一，再过十年才能缓慢增至五分之一。光缆不对称，折射着美国与世界各国之间在信息环境中的权力不对称。

世界之所以是通的，首先是因为物理层的互联互通。但是，如果物理层的主导者仍然是美国一国，如果代码层的书写者仍然主要是美国技术—议员—国防—工业复合体中的一小部分人，如果内容层的生产者仍然主要是说英语的人，那么，信息环境的多样性就大打折扣，互联互通的世界也就将继续与巨大的信息鸿沟并存，难以让信息技术惠及世界上更多需要它的人群。为了让人类社会拥有更多选择，中国人仍然任重道远。

因此，中国走向世界的第一步，仍然应该放在物理层，放在建设世界上，从丝绸大国走向光缆大国，通过建设全球信息基础设施，联通世界各大洲大陆大洋，将信息环境从单边霸权的“技术利维坦”变成“中国味儿特浓”，并能更好地缩减南北信息鸿沟、服务人类社会的“信息灵境”。简言之，只有联通世界，才能纺织世界。

世界纺织，代际变迁

时代不同，“世界”不同，世界的“纺织术”也不同。

“世界”诞生于前工业革命时代的欧洲，在罗马一分为二，教会走向神坛之后，帝国与宗教的权威宣告终结。

众多国家崛起于帝国的废墟之上，新教运动席卷北欧西欧，宗教斗争在整个欧洲上演。欧洲之内，战火四起，欧洲的世界在欧洲之外。欧洲人走出欧洲，走向世界。借着在欧洲内部厮杀锤炼的战争技术，沿着北大西洋两岸，向欧洲之外殖民、征服、扩张，在北美、中美、南美，在非洲、亚洲、中东，建立起新西班牙、新葡萄牙、新荷兰、新瑞典、新法兰西、新英格兰、新德意志。这些“新世界”的本地知识，成为殖民帝国统治术的科学知识之源。军事学、战略学、制图学、航海学、水文学、测绘学、气象学、天文学、地理学、冶金学、环境学、植物学、生物学、医学、人类学、社会学、经济学、政治经济学……各种现代科学的兴起与欧洲对非欧洲地区的殖民扩张同步，现代科学必须以世界为尺度才有意义，必须以整个地球为单位才有价值，必须以全新的标准和体系来重新理解整个地球的时间空间和万事万物为前提。[①]进而，谁处于科学的领势地位，谁拥有科学的主导权，谁能用科学重新定义世界，谁才能把地球管起来。时间的开始，空间的起点，成为划分陆地、海洋、天空此疆尔界的前提，西班牙、葡萄牙、荷兰、法兰西、英格兰、德意志为此争斗不已，英格兰获得最终胜利，赢得了世界的定义权。

自 18 世纪晚期以来，西方社会率先进入蒸汽机时代。随着蒸汽机变成纺织世界的发动机，火车、汽车、轮船取

---

① 陈雪飞：《无远弗届：国际政治社会学的视野》，当代世界出版社，2022，第 63—85 页。

代牛车、马车、帆船。铁路网、公路网、航海网，在欧洲之内，在欧洲之外，绘就了一张张交通基础设施世界之网。自19世纪以来，西方社会又率先进入电力时代，电报、电话、电力、无线电、汽车的发明发现，让信息基础设施崛起为全新的世界之网。自20世纪以来，人类社会进入核能时代，广播、电视、电影、飞机、高速计算机、个人电脑、互联网、手机的发明，让核能时代很快进入以美国为先行者的信息时代，各种互联信息网络纺织出一个无远弗届的信息环境。

借助信息技术革命，美国成为世界的新定义者。信息之于美国的重要性，在美国商业史学者钱德勒等人的《信息改变了美国》中展露无遗。[①]这部历史跨度三百年的鸿篇巨制，依据工业资本主义的发展，将美国历史分为三段。始于18世纪晚期的英国工业革命，是改变了生产过程的第一次工业革命时期，为商业时代；19世纪40年代始于欧美，是改变了运输和通信方式的第二次工业革命时期，为工业时代；20世纪50年代至今，是始于美国的电子信息技术革命时期，为信息时代。他们秉持纵深三百年的大历史视野，将报纸、邮政、铁路、电报、电话、无线电、广播、电视、电影、互联网、条形码等信息基础设施，视为美国社会、经济和政治生活的关键支撑，以及推

① [美]阿尔弗雷德·D.钱德勒、詹姆斯·W.科塔达:《信息改变了美国：驱动国家转型的力量》，万岩、邱艳娟译，上海远东出版社，2008。

动美国从殖民时期到 20 世纪现代国家构建与转型的基础力量。

在商业时代，美国形成了全国出版印刷业发行网（1760—1791）和全国邮政系统（1792—1851）。美国人的识字率超过 75%，知情权成为公民权利，自上而下的殖民决策体制受到挑战。殖民地精英得以动员大众反抗殖民统治，美国政府则通过财政补贴干预信息的传递主体、方式和内容。

在工业时代，美国形成了全国铁路网（1845—1900），全国电报网和全国公共信息系统雏形（1860—1910），全国电话网（1876—1984），全国书面信息系统（1880—1950），全国广播、电视和电影网（1907—1967）。信息的传递时间不断缩短，美国限制大公司垄断，通过政府补贴和基础设施建设许可监管提供信息流的大企业，与少数关键企业形成松散但有效的联盟，并以人口普查为依据，通过主导全美公共信息的记录、存储、检索、分析和交流，制定公共政策，解决社会问题。

在信息时代，美国形成了全国计算机网络（1952—2001），全国条形码追溯网（1970 年至今），国家成为科学研究的最大资助方，社会生产和配送过程得到监管，国家干预经济社会事务成为各界共识，国家基础权力得以大幅提升。在这种大历史视野下，识字率、邮局覆盖率、铁路里程、电报局数量、大众广播网覆盖率、电话装机量、人均电话拥有量、人口普查频率、信息真实度、社会公开度、条形码流程监管度等，这些渗透并测度现代社会方方面面的信息，意味着自由的扩展。对于现代人而言，正是信息定义了自由，信息的边界就是自由的边疆。对于现代国家而言，也正是信息推动了现代国家基本制度和基础能力的构建，信息的疆域就是国家的领地。

技术革命是工业革命的先声。技术作为一种权力的基础设施，改造了权力的组织、控制、后勤和沟通方式。信息基础设施在这个意义上具有革命性，互联网在时间、空间上大大超越了传统的马车时代、蒸汽机时代、电力时代、核能时代的沟通方式。它是一种全新的权力基础设施，这种传播力既属于个人也属于组织，既属于国家政府也属于国际组织。它是一种权力的双向通道：既可有利于政治力量，能将代表公共意志和利益的法律、政策直接贯彻于公民个体；也能有利于社会力量，成为个人、社会群体、市场组织获得直接影响政治体系的沟通渠道。这种信息基础权力的双轨制，推动着互联网治理重心的转变，在发展、治理与安全之间，调整着技术发展和国家间竞争的方向和步伐，并且深刻改变着信息环境。

世界之网，层理叠加

在观念上，跨越内外不均匀、南北不对称、东西不平衡的技术、信息和发展鸿沟，成为纺织世界之网的使命伸张。在行动上，不同时代的世界之网的层理构造就像一块沉积岩，每一层的纹理都沿着相同的轨迹走线。

现代世界高度依赖各种基础设施构成的世界之网，有能源基础设施网，也有资源基础设施网；有道路基础设施网，也有信息基础设施之网。2022 年 9 月 26 日，北溪 2 号海底天然气管道发生人为爆炸所致的泄露事件，凸显了能源基础设施的安全困境。但北溪 2 号仅为 1230 公里，远非世界上最长的油气管道，世界上 51% 的油气管道在美洲，美国又是其中之最，而且大部分在陆地。美国最长的成品油管道系统“殖民地管道”长度达 8850 公里，从加拿大阿尔伯塔到美国伊利诺伊、得克萨斯州炼油厂的钥石石油管道 3462 公里，洛基山快速天然气管道 2702 公里，南美洲最长的天然气管道 GASBOL3150 公里。世界上 27% 的油气管道在欧洲，而且俄罗斯是最主要的出发点，德鲁日巴输油管道长度为 5100 公里，将石油从俄罗斯东部运往乌克兰、白俄罗斯、波兰、匈牙利、斯洛伐克、捷克和德国，亚马尔—欧洲天然气管道 1660 公里。世界上 16% 在亚太地区，俄罗斯至日本、中国、韩国的东西比利亚—太平洋管道 4857 公里，澳大利亚蒙巴—悉尼天然气管道2081公里。中国新疆西部至上海东部的西气东输管道18854公里，新疆煤制气管道8372公里，中国石油和天然气管道网络公司计划扩建32800公里，为世界油气管道增量之最。世界上6%的油气管道在中东、非洲，跨地中海天然气管道2475公里，尼日尔—贝宁输油管道1980公里。陆地管道相对海洋管道更为安全，中东虽是产油大户，但油气管道较少，高度依赖海洋运输。

在西方世界的霸权兴替中，没有不依赖海洋航线的殖民帝国。伊比利亚半岛的西班牙、葡萄牙如此，“海上马车夫”荷兰亦如此，西欧的法国如是，德国亦如是。英国是这样，美国也是这样。作为工业革命的发源地，英国建立了全球性的海洋航线，英国人称之为“全红线”。所谓“全红线”，是指英国的战略安全保障线，不经过其他国家领土，只经过英国领土或殖民地的海陆线，作为英国与殖民地之间传递信息、运输资源、输送兵力的通道。“全红线”分陆地和海洋两线：陆地线是用铁路将英国本土各地与各殖民地相连的铁路线，海洋线是海上轮船航线，从英国南部出发，途经下述海洋站点：直布罗陀、马耳他、亚历山大港、塞得港、苏伊士运河、亚丁、马斯喀特（通往波斯湾）、印度、斯里兰卡、缅甸、马来亚、新加坡（延伸至太平洋，通往澳大利亚、新西兰及其他英帝国当时的势力范围）。海洋线在登陆点与陆地线相连。

全红线及其沿线站点，在蒸汽机时代是轮船线及其加煤站，在电力时代是电力线、电缆线及电报中继站，在信息时代是光缆线及登陆站。1901 年，英国成立太平洋电缆委员会，设立大西洋电缆公司，负责建设“全红线”电缆。1911 年建成后，共设 19 个电报中继站。大西洋 8 个：大不列颠、纽芬兰、加拿大、圣海伦娜、阿森松岛、巴巴多斯、百慕大。太平洋 6 个：加拿大大不列颠哥伦比亚省班菲尔德、范宁岛、斐济、中国香港、诺福克岛、澳大利亚昆士兰南港。印度洋 5 个：南非开普敦、南非德班、基林群岛、毛里求斯、澳大利亚珀斯。全红线，就是英帝国的生命线。

1904 年 2 月 25 日，英帝国加拿大太平洋铁路前总工程师、世界标准时间发明者、女王大学校长桑福德·弗莱明（Sandford Fleming）在加拿大帝国俱乐部发表演说，将跨大西洋、跨太平洋、跨印度洋的海底和陆地电缆视为帝国的电子神经：

这条国有电报链将所有英国属地与英国连接起来，每一个属地都可与英国直接接触，从英国延伸到加拿大，横穿加拿大直至温哥华，从温哥华到新西兰、澳大利亚，从澳大利亚东海岸的太平洋电缆登陆点穿越大陆岛西澳大利亚，从西澳大利亚到南非，并在印度设立分支，从南非到百慕大，途经圣赫勒拿、阿森松、巴巴多斯，最后，从百慕大直达英格兰，这条电报链把英国所有重要财产、几乎所有海军加煤站与帝国中心相互连接起来。[①]

---

① https://speeches.empireclub.org/details.asp?ID=62422.

通过有线电报全红线，英国建立了足以将地球包裹起来的通信链，但这也阻碍了远程无线电通信在英国的发展。直到 20 世纪 20 年代，英国才在远程无线电报基础上建立了“帝国无线链”，这是当时工业化诸国的最后一个。

在海洋航线上，油轮行驶于海面，数据流淌于海底。今天，如果人们站在这样两张巨幅世界地图面前：一张 1905 年英国东方电报公司的核心节点线路图，一张 2022 年美国海底光缆线路图，肯定会惊叹这两张图竟然如此相像！ 2022 年，全世界共有 400 多条海底光缆，但其不均匀、不对称、不平衡的分布，清晰展现了内外、南北、东西之间的信息鸿沟。

在发达世界中，32 条连接西班牙与世界，19 条连接葡萄牙与世界，10 条连接荷兰与世界，28 条连接法国与世界，7 条连接德国与世界，29 条连接意大利与世界，32 条连接日本与世界，58 条连接英国与世界，89 条连接美国与世界。信息海洋之大泽，仍由西洋与东洋主享。在过去一百年中，前五十年是条条海线通伦敦，后五十年是根根网线连美国。

在发展中世界中，20 条连接中国与世界，22 条连接印度与世界，9 条连接俄罗斯与世界，16 条连接巴西与世界，20 条连接埃及与世界，9 条连接南非与世界。不在上述范围内，但人口超过一亿的国家中，59 条连接“千岛之国”印度尼西亚与世界，24 条连接菲律宾与世界，

10条连接巴基斯坦与世界，3条连接孟加拉与世界，11条连接墨西哥与世界。作为内陆国家，埃塞俄比亚没有与世界连接的海底光缆。信息环境的连接中心仍在西洋与东洋，亚非拉的内外世界仍亟待互联互通。

如果我们把地球切开，粗看一眼地球的横截面，就能发现沉积岩一般的层理纹路，能源、资源、交通、信息的基础设施之网，层层叠叠，构筑了互联互通的现代世界之网。如果我们再仔细观察，就会看到，在这行行重行行的世界之网中，能源、资源、交通、信息的流向何方，以及，谁是跨国、跨洋、跨洲网络的纺织者，谁是开疆拓土者，谁是旧网新造者。现代世界的运行奥秘几乎尽在于此。

纺织世界，构造灵境

互联网是世界纺织术。在相互确保毁灭的核威慑战略对峙时代。作为美国互联网的摇篮，“林肯计划”可以说是“曼哈顿计划”的副产品，二者都是囊括各个科学门类的系统工程。核武器与互联网是一枚硬币的两面，从冷战期间构筑的军用网、政务网和学术网，到冷战结束后的民用网、商业网和国际网，美国都是先行者。但作为核威慑战略对峙的另一方，苏联也并非无所作为。

早在1956年，苏联也出现了建立军民两用国家计算机网络的构想。1962年，苏联科学家格卢什科夫（Victor Mikhailovich Glushkov）提出了全国自动化系统构想，计划在电话线上建立全国计算机网络，以莫斯科中央计算机为中心，连接分布在各大城市的200个中级计算机中心，后者又与20 000个国民经济关键生产地的计算机互连，从而实现苏联国民经济核算、规划和管理信息的收集和处理。事后看来，格卢什科夫的研究团队提出了很多不同于美国的计算机理论，比如有望突破所谓冯—诺依曼瓶颈的“宏观管道处理技术”，自动机、无纸化办公，以及让人类能与计算机进行语义交流的自然语言编程，甚至还提出了类似“思想上传”的“信息不朽”理论。1970年10月1日，在美国阿帕网诞生接近一年之后，格卢什科夫希望向苏联最高层推销自己的电子社会主义网络乌托邦计划。尽管没有成功，但这一搁置也只是让苏联国家计算机网络的出现仅比美国迟了十年。①随着冷战的结束，美国的互联网变成了世界的互联网，但苏联的互联网技术基础显然是俄罗斯能够构建“主权互联网”的底气所在。

谁能纺织世界，谁才能构造信息灵境。1993年夏秋之交的银河号事件，加速了中国信息化进程的三十年，从

① Benjamin Peters, *How Not to Network a Nation: The Uneasy History of the Soviet*, MIT Press, 2015, pp. 81-190.

军事网、政务网、学术网到商用网、民用网、国际网，在发展、治理与安全之间，中国创造了一个属于全体中国人的信息环境，并正在努力将其构造为信息灵境。而“银河号事件”的另一个直接产物，同样是信息灵境的必要一环，甚至是至关重要的一环，这就是中国的全球卫星导航系统。

中国的全球卫星导航系统，名为“中国北斗”。“中国北斗”走了三步：第一步是 1994 年开始研制，2000 年底服务中国的北斗一号；第二步是 2012 年服务亚太的北斗二号；第三步是 2020 年面向全球的北斗三号。从胸怀天下到立己达人，从仰望星空到经纬时空，中国的北斗变成了世界的北斗。

在万物皆可信息化的时代，中国灵境前景可期。如果使之更符合中国人对美好社会的追求和向往，就有可能创造出一个属于中国人的信息灵境。中国人动辄数以十亿级以上的信息的需求、生产、使用，最能发挥信息技术革命的网络化、信息化生产力。在这个意义上，的确需要对信息灵境提出自己的构想。

在信息环境中，中国是人类社会第一个亿级、第一个十亿级文明。对这样的十亿级文明而言，信息灵境，不是更理性化的苏联式电子计划经济，也不是自由放任的“人人金融”“人人韭菜”，而是人们所向往、所追求的美好社会。在这样的信息灵境中，人人拥有生产、选择、传播、接收信息的分布式自传播能力，衣食住行更便捷，生产、流通更高效，分配、消费更公平，个人信息更安全，商业数据使用更合理，公共数据更公开，信息推送更主动，公共服务更便利，犯罪识别更迅速，健康信息更互联，急救定位更准确，应急通信更及时。总之，在信息灵境中，生计更可靠，生活更舒适，生命更张扬，流动更自由，发展更安全，治理更合理，主权更稳固。

| 结语 |

突破结界，经略灵境

在过去三十年中，中国对信息环境的治理从物理层、传输层入手，以内容层为重心，并在搜索层、应用层崛起之后，逐渐深入到了代码层。面对大国之间的长期战略竞争格局，中国开始意识到互联信息网络无边无际、无内无外、无远弗届的包容力，并在为了发展的治理中，形成了重塑物理层乃至整个信息环境的技术能力。在这个意义上，不了解世界就不可能了解发展的趋势，不了解中国就不能优化战略部署，这个判断仍然适用于中国对信息环境的重塑，适用于中国信息灵境的构造、建设和治理。

面向未来，中国这个历史悠久的丝绸大国所要做的，正是通过提升全球信息基础设施建设能力，改造物理层，纺织世界，提供更多的全球信息公共物品，弥补内外不均匀、南北不对称、东西不平衡的信息鸿沟，突破美国的单边主权结界，驯服技术利维坦巨灵，创造出一个既属于中国也属于世界的信息灵境，保卫属于中国人的灵境主权，探索重新定义世界的多重可能性，使之服务于人类社会对美好生活的追求和向往。

延伸阅读

一 灵境内外

1. 曼纽尔・卡斯特：《网络社会的崛起》（1996），夏铸九、王志弘等译，社会科学文献出版社，2001。
2. 曼纽尔・卡斯特：《认同的力量》（1997），夏铸九、黄丽玲等译，社会科学文献出版社，2003。
3. 曼纽尔・卡斯特：《千年的终结》（1998），夏铸九、黄慧琦等译，社会科学文献出版社，2003。
4. 凯文・凯利：《新经济、新规则》（1998），刘仲涛等译，电子工业出版社，2014。
5. 卡尔・夏皮罗、哈尔・瓦里安：《信息规则：网络经济的策略指导》（1999），张帆译，中国人民大学出版社，2000。
6. Jerry Everard, *Virtual States: The Internet and the Boundaries of the Nation-state*, Routledge, 2000.
7. Hossein Bidgoli, ed. *The Internet Encyclopedia*, John Wiley & Sons, inc, 2004.
8. 凯文・凯利：《技术元素》（2012），张行舟、余倩等译，电子工业出版社，2012。

9. 凯文·凯利：《必然》(2016)，周峰等译，电子工业出版社，2016。

二 社会清浊

10. Kenneth C. Laudon, *Dossier Society: Value Choices in the Design of National Information Systems*, Columbia University Press, 1986.
11. David Lyon, *The Electronic Eye: The Rise of Surveillance Society*, University of Minnesota Press, 1994.
12. 阿尔弗雷德·D. 钱德勒、詹姆斯·W. 科塔达编，《信息改变了美国：驱动国家转型的力量》(2000)，万岩、邱艳娟译，上海远东出版社，2008。
13. David Lyon, *Surveillance Society: Monitoring Everyday Life*, Open University Press, 2001.
14. David Lyon, ed. *Surveillance as Social Sorting: Privacy, Risk, and Digital Discrimination*, Psychology Press, 2003.
15. Carl Watner and Wendy McElroy, eds. *National Identification Systems: Essays in Opposition*, McFarland, 2003.
16. David Lyon, *Theorizing Surveillance: The Panopticon and Beyond*, Willan Publishing, 2006.
17. Aaron Doyle, Randy Lippert, David Lyon, *Eyes Everywhere: The Global Growth of Camera Surveillance*, Routledge Taylor &

Francis Group, 2012.

18. Kirstie Ball, Kevin D. Haggerty, David Lyon, eds. *Routledge Handbook of Surveillance Studies*, Routledge, 2012.

三 认证纵横

19. 伊恩·哈金：《驯服偶然》（1990），刘刚译，中央编译出版社，1999。

20. 詹姆斯·斯科特：《国家的视角：那些试图改善人类状况的项目是如何失败的》（1999），王晓毅译，社会科学文献出版社，2019。

21. Simson Garfinkel, *Database Nation: The Death of Privacy in the 21st Century*, O' Reilly Media, Inc, 2000.

22. John Torpey, *The Invention of the Passport: Surveillance, Citizenship and the State*, Cambridge University Press, 2000.

23. Jane Caplan and John Torpey, eds. *Documenting Individual Identity: The Development of State Practices in the Modern World*, Princeton: Princeton University Press, 2001.

24. Joseph W. Eaton, *The Privacy Card: A Low Cost Strategy to Combat Terrorism*, Roman & Littlefield Publishers, Inc, 2003.

25. 詹姆斯·斯科特：《逃避统治的技术：东南亚高地的无政府主义历史》（2009），王晓毅译，生活·读书·新知三联书店，2016。

26. 欧树军，《国家基础能力的基础：认证与国家基本制度建设》，中国社会科学出版社，2013。

27. David Lyon and David Murakami Wood, *Big Data Surveillance and Security Intelligence: the Canadian case*, UBC press, 2021.

四 身份认证

28. 劳伦斯·莱斯格：《代码：塑造网络空间的法律》(1999)，李旭等译，中信出版社，2004。

29. 劳伦斯·莱斯格：《思想的未来》(2001)，李旭译，中信出版社，2004。

30. Jane Caplan and John Torpey, *Documenting Individual Identity: The Development of State Practices in the Modern World*, Princeton University Press, 2001.

31. Colin J. Bennett and David Lyon, *Playing the Identity Card: Surveillance, Security and Identification in Global Perspective*, Routledge, 2008.

32. 吉隆·奥哈拉、奈杰尔·沙德博尔特：《咖啡机中的间谍：个人隐私的终结》(2008)，毕小青译，生活·读书·新知三联书店，2011。

33. David Lyon, *Identify Citizens: ID Cards as Surveillance*, Polity Press, 2009.

34. Stephen Coleman and Jay G. Blumler, *The Internet and*

Democratic Citizenship: Theory, Practice and Policy, Cambridge University Press, 2009.

35. 马修·辛德曼：《数字民主的迷思》(2009)，唐杰译，中国政法大学出版社，2016。

36. David Lyon, *The Culture of Surveillance: Watching as a Way of Life*, Polity Press, 2018.

五 行为识别

37. Nathan Newman, *Net loss: Internet Prophets, Private Profits, and the Costs to Community*, Pennsylvania State University Press, 2002.

38. 菲利普·鲍尔：《预知社会：群体行为的内在法则》(2004)，暴永宁译，当代中国出版社，2007。

39. 凯斯·R. 桑斯坦：《极端的人群：群体行为的心理学》(2009)，尹宏毅、郭彬彬译，新华出版社，2010。

40. 凯文·凯利：《失控：全人类的最终命运和结局》(2010)，陈新武等译，新星出版社，2011。

41. Zygmunt Bauman and David Lyon, *Liquid Surveillance: A Conversation*, Polity Press, 2013.

42. Jennifer Stomer-Galley, *Presidential Campaigning in the Internet Age*, Oxford University Press, 2014.

43. 格伦·格林沃尔德：《无处可藏：斯诺登、美国国安局与美国全

球监控》(2014)，米拉、王勇译，中信出版社，2014。

44. 亚历克斯·莫塞德、尼古拉斯 L. 约翰逊 :《平台垄断 : 主导 21 世纪经济的力量》(2016)，杨菲译，机械工业出版社，2017。

45. Nikos Smyrnaios, *Internet Oligopoly: The Corporate Takeover of Our Digital World*, Emerald Publishing Limited, 2018.

六 双重机制

46. Bruce Bimber, *Information and American Democracy: Technology in the Evolution of Political Power*, Cambridge University Press, 2003.

47. 安德鲁·查德威克 :《互联网政治学 : 国家、公民与新传播技术》(2006)，任孟山译，华夏出版社，2010。

48. 马修·弗雷泽、苏米特拉·杜塔 :《社交网络改变世界》(2008)，谈冠华、郭小花译，中国人民大学出版社，2013。

49. Christopher T. Marsden, *Internet Co-Regulation: European Law, Regulatory Governance and Legitimacy in Cyberspace*, Cambridge University Press, 2011.

50. Shawn M. Powers and Michael Jablonski, *The Real Cyber War: The Political Economy of Internet Freedom*, University of Illinois Press, 2015.

51. Florian Sprenger, *The Politics of Micro-Decisions: Edward Snowden, Net Neutrality and the Architectures of the Internet*,

Meson Press, 2015.
52. 胡凌：《探寻网络法的政治经济起源》，上海财经大学出版社，2016。
53. 丹·席勒：《信息资本主义的兴起与扩张：网络与尼克松时代》，翟秀凤译，北京大学出版社，2018。
54. Roxana Radu, *Negotiating Internet Governance*, Oxford University Press, 2019.

七 主权流动

55. Sarah Oates, Diana Owen and Rachel K.Gibson, *The Internet and Politics: Citizens, Voters and Activists*, Routledge, 2006.
56. Jack Goldsimth and Tim Wu, *Who Controls the Internet: Illusions of Borderless World*, Oxford University Press, 2006.
57. Andrew Chadwick and Philip N. Howard, *Routledge Handbook of Internet Politics, Routledge*, 2009.
58. Micahl L. Sifry, *The Big Disconnect: Why the Internet hasn't Transformed Politics(yet)*, OR Books, 2014.
59. Taylor Owen, *Disruptive Power: The Crisis of the State in the Digital Age*, Oxford University Press, 2015.
60. Roy Balleste, *Internet Governance:Origins, Current Issues and Future Possibilities*, Rowman & Littlefield, 2015.
61. 安妮·雅各布森：《五角大楼之脑：美国国防部高级研究计划

局不为人知的历史》(2015)，李文婕、郭颖译，中信出版社，2017。

62. Uta Kohl, *The Net and the Nation State: Multidisciplinary Perspectives on Internet Governance,* Cambridge University Press, 2017.

63. Yochai Benkler, Robert Faris and Hal Roberts, *Network Propaganda: Manipulation, Disinformation, and Radicalization in American Politics,* Oxford University Press, 2018.

八 空间竞争

64. Janet Abbate, *Inventing the Internet,* MIT Press, 1999.

65. Milton L. Mueller, *Ruling the Root: Internet Governance and the Taming of Cyberspace,* MIT Press, 2002.

66. Adam Thierer and Clyde Wayne Crews, Jr. *Who Rules the Net? : Internet Governance and Jurisdiction,* Cato Institute, 2003.

67. Laura DeNardis, *Protocol Politics: The Globalization of Internet Governance,* MIT Press, 2009.

68. Robert K. Knake, *Internet Governance in an Age of Cyber Insecurity,* Council Special Report No.56 September 2010.

69. 弥尔顿·L·穆勒：《网络与国家：互联网治理的全球政治学》(2010)，周程等译，上海交通大学出版社，2015。

70. Andrew Feenberg and Norm Friesen, Eds. *Inventing the Internet Critical Case Studies,* Sense Publishers, 2012.

71. Benjamin Peters, *How Not to Network a Nation: The Uneasy History of the Soviet*, MIT Press, 2015.

72. Colin B. Burke, *America's Information Wars: The Untold Story of Information Systems in America's Conflicts and Politics from World War II to the Internet Age,* The Rowman & Littlefield Publishing Group, 2018.

九 世界纺织

73. Lee A. Bygrave and Jon Bing, ed. *Internet Governance: Infrastructure and Institutions*, Oxford University Press, 2009.

74. Jeremy Hunsinger, Lisbeth Klastrup and Matthew Allen, ed. *International Handbook of Internet Research*, Springer, 2010.

75. Laura DeNardis, *The Global War for Internet Governance*, Yale University Press, 2014.

76. Roxana Radu, Jean-Marie Chenou, Rolf H. Weber, eds. *The Evolution of Global Internet Governance: Principles and Policies in the Making*, Springer - Verlag Berlin Heidelberg, 2014.

77. Daniel R. McCarthy, *Power, Information Technology, and International Relations Theory: The Power and Politics of US Foreign Policy and Internet,* Palgrave Macmillan, 2015.

78. Francesca Musiani, Derrick L. Cogburn, Laura DeNardis, and Nanette S. Levinson, ed. *The Turn to Infrastructure in Internet Governance*, Palgrave Macmillan, 2015.

79. Daniel R. McCarthy, *Technology and World Politics: An Introduction*, Routledge, 2017.

80. Daniel Oppermann, ed. *Internet Governance in the Global South: History, Theory, and Contemporary Debates*, NUPRI USP, 2018.

81. Andrew F. Krepinevich, *The Origins of Victory: How Disruptive Military Innovation Determines the Fates of Great Powers*, Yale University Press, 2023.

后记

本书得以问世，离不开我在北京大学互联网法律研究中心的两年多时光（2004 年 4 月至 2006 年 6 月）。借此机会，感谢朱苏力、赵晓力、张平三位老师当年的充分信任，当时还在清华大学法学院任教的李旭老师的无私襄助让我深为感动，当年与谢学军、阿拉木斯、刘晓春、毛晓秋、刘春泉、闫鹏和、刘曙光、刘晗、左亦鲁等学友的愉快合作，也让我始终难忘。

中国人民大学 PPE 专业的第一届本科生（2015 级），国际政治—新闻学实验班第三届本科生（2015 级），新闻学—国际政治实验班第三届本科生（2015 级），是本书前身的第一批听众。你们在课堂上的热烈讨论，我记忆犹新。

中山大学哲学系教授、《开放时代》特约主编吴重庆先生，香港地方志中心编辑部总监孙文彬女士，以及张广生、张翔、郑戈、冷静、张龑、刘忠、宾凯、何建宇、黄冬娅、刘鹏、丁凡、李振、蒋璐、章永乐、萧武、张晓波、刘晨光、陈颀、陈柏峰、王维佳、杨昂、吕德文、常安、魏磊杰、尤陈俊、胡凌、李晟、岳林、戴昕等学术同道，对作为本书前身的部分内容做了精彩评论，他们的专业思考对本书启发很大。

清华大学网络行为研究所、北京大学法治研究中心、中山大学人文高等研究院、中国人民大学国家发展与战略研究院、首都师范大学文化研究院、中信改革发展研究院、耶鲁大学国际与区域研究中心等机构，为我的学术研究提供了便利、协助或支持。北京大学人文社会科学研究院，为本书的孕育提供了令人神往的返璞归真自由交流的学术空间。

王绍光、潘维、冯象、强世功、赵晓力等老师，《文化纵横》执行主编陶庆梅女士、活字文化总编辑李学军女士，中国社科院美国研究所魏南枝女士、张佳俊先生，清华大学人文学院博士生李立敏，中国人民大学国际关系学院政治学硕士林珽、黄锦辉，中国人民大学国际关系学院政治学硕士研究生黄清源、李亚清，中国人民大学国政—新闻实验班毕业生刘琳格，阅读了本书初稿并提出了宝贵建议。

我要特别感谢活字文化编辑陈轩先生，没有他的热心、信任、灵感和督促，就没有这本小书。感谢雅理丛书主理人田雷，因为互联网，田雷和我在 20 年前的非典期间成了同学，后来又先后到香港中文大学跟随王绍光老师攻读博士学位。正如我在博士论文后记中所说，这么多年来，田雷既是我的朋友，也是我的家人。我还要衷心感谢当代世界出版社副经理刘海光先生，他的古道热肠，让出版界的温暖源源不断传向学术圈。感谢上海交通大学出版社首席编辑、教育研究出版中心主任易文娟老师的倾力支持，让这本小书得以尽快面对读者。当然，还有在这个小小的集体事业中，默默奉献的黄昕等编辑们。以及，为本书的面世给予无私帮助的师友们，请恕我不再一一列举。

本书献给在疫情之前猝然离世的晓波兄弟，也献给在三年大疫中共同成长的我的家人。

没有你们，就没有这本书！